● 日本留学試験対応

完璧 数学（コース1）

＊中国語・韓国語・英語でポイント解説！

郁凌昊・中山貴士

国書刊行会

はじめに

　幼かったころ、私にとって一番楽しかったことは一人で広い草原を走りまわることでした．果てしなく続く緑の波と青い空が溶けあう水平線を眺め、柔らかな草地に横になり、空を飛ぶ鳥を見ながら、いつか私も鳥になって、空の彼方へ飛べることを夢見ていました．

　海も好きだった私は砂浜に腰を下ろしては海を眺め、やがていつか船乗りのように世界を巡ることを想像しました．その後、不安でいっぱいな心を抱えて母国を後にし、この見知らぬ土地を踏みしめたとき、初めて私は全く未知の環境の中で人生を模索しなければならないことに気づきました．

　日本に来たばかりのころは、言葉の障害、困難な生活、異国で生きる孤独感に私は常に悩み、苦しみました．当時の生活を思い返してみると、前に伸びてゆく路の果てに見える希望に、私は支えられていたのだと思います．私はその希望に向かって一歩ずつ近づくことを自らに課し、そのぼんやりとした希望を現実に掴めるようにと自分を鞭打ってきました．国書日本語学校で過ごした540日は、第一目標である「早稲田大学」へと私を導いてくれたのです．

　ある偶然から私は東洋言語学院と出会い、日本に来たばかりの、志を持った多くの若者に自分の経験を伝える機会を得ました．その機会を与えて下さった私の在日保証人でもある佐藤今朝夫先生に感謝したいと思います．日本の留学生試験改革は、就学生の試験の難度を更に上げることになりました．しかし、これは見方を変えると、努力をする人に大きなチャンスを与えることでもあります．留学生は一、二年の間に日本語のみならず、他の科目も勉強しなければなりません．「時間の効率的な利用」こそが、大学へ入るための秘訣とも言えるのです．

　この本には、私と私の親友でもある中山貴士の、私たち自身の試験勉強の経験が書かれており、留学生入学試験に必要な規定に沿って内容を考え、集大成したものです．この本は、留学生が理解しにくい部分や、留学生試験によく出る部分に重点を置いています．もし私がこの本を使ってもう一度勉強をし直せば、間違いなく入学試験で優秀な成績を収めることができると信じています．

　中国の格言に、「百里を行く者は九十里を半ばとす」という言葉があります．分かりやすく説明すると、100を目指す者は、90まできたところで半分だと思え、という意味です．どんな時も諦めずに、チャンスに挑戦し、私たちの留学生活を更に充実したものにしましょう．

　この本を書くにあたってご助力いただいた、東洋言語学院の黒田迪也先生（理学博士）、呼斯楞先生（教育学博士）、黄佳川先生、そして理科クラスの王韜、唐智宇、方鵬、胡云、王昕、周維娜さんたちに感謝します．また、私の母校である国書日本語学校の山田洋子先生、小林妙子先生、落合太郎先生のお力添えやご支援にも感謝いたします．さらに、私たちを絶えず励まし、辛抱強く見守って下さった親友林偉光さん（早大理工）に心から謝意を表します．貴重なアドバイスをお寄せ下さった朴英実さん（早大理工）にも改めて御礼申し上げます．最後に、この本をずっと私を支え続けてくれた両親に捧げたいと思います．

2003年2月　　　　　　　　　　　　　　　　　　　　　　　　　　　　　　　　　　　　編者

前言

小时候最高兴的事是一个人跑在辽阔的草地上,看着一望无垠的绿色与蔚蓝色的天结成的那道线,躺在柔软的草地上看着天空中的飞鸟,我就希望有一天能够像鸟一样飞到天的另一边.

喜欢海的我也喜欢坐在沙滩上望着大海,幻想着有一天能像一个水手一样到处流浪.后来当我诚惶诚恐的迈出国门,第一次踏上这片陌生的土地的时候,我才真正的意识到我要从陌生中寻找我的人生.

刚来日本的时候,语言的障碍,生活的困窘,异国的孤独无时不在的摧残着我,回首那段生活支持着我的只有前方的路,远远的我只能模糊的看着它,一步一步命令自己渐渐的靠近它,让它慢慢的变得不在模糊.国书日本语学校的540天让我走进了目标中的第一站"早稻田大学".

偶然的机会使我与东洋言语学院相遇,让我把自己的经验分享给那些刚刚来日本的与自己一样有目标的年轻人.更要感谢我的在日保证人佐藤今朝夫先生给了我这样的机会让我把它分享给更多的就学生.

日本留学考试的改革使就学生的升学难度变得更难,但也给那些努力的人更大的机会,在一年到两年的时间里既要学习日语又要学习基础科目"时间的利用效率"问题则是在升学考试中取胜的关键.

这本书是我与好朋友中山贵士(早稻田理工)把自己在升学考试中的一点经验整理并针对留学考试的考试要项规定内容进行改进加工而成的.重点放在了在留学生没有学过的部分而留学考试中经常出现的部分.希望让大家在短时间内取得好的成绩,相信如果按书中的内容复习的话在考试中一定会取得理想的成绩.

中国有句熟语"行百里路者,半九十"通俗一点说就是没到终点前50里和90里是一样的.不到最后就不要放弃.给自己一个机会,让我们的留学生活更加充实.

在这本书的编写过程中得到东洋言语学院的黑田迪也老师(理学博士),呼斯楞老师(教育学博士)还有黄佳川老师,理科班级的王韬,唐智宇,方鹏,胡云,王昕,周维娜等同学的帮助.同时还要感谢我的母校国书日本语学校的山田洋子老师,小林妙子老师,落合太郎老师的帮助和支持.以及中山贵士与我共同的好朋友林伟光同学(早稻田理工)有益的建议和支持.还要感谢朴英实同学(早稻田理工)的大力帮助.在此仅仅表示我们深深的谢意.

最后还要借此机会把这本书献给一直支持我的父母.

머리말

어릴적때 나 홀로 광활한 초원 위에서 뛰여다니는 내 자신을 그려왔다. 녹색과 푸른색으로 물들어진 일망무지한 하늘을 보며, 포근한 풀위에 누워서 하늘의 비홍을 보며, 난 언젠가 새처럼 날아서 하늘의 저 반대편 머나먼 끝으로 가보고 싶었다.

바다를 사랑하는 나는 항상 그 바다의 힘센 파도소리를 즐겨 왔고, 언젠가는 선원이 되어서 세계일주를 해보고 싶었다. 그 뒤로 난생처음 밖의 세상을 알게되면서 나는 이 낯선 땅에 나의 자취를 하나하나씩 남기게 되었다. 그리고 이 속에 내 자신을 승화시켜 나의 인생을 개척해야된다는 것을 다짐했다.

낯설은 땅 일본은 나와 너무도 멀리 있었다. 언어, 고독생활의 곤경은 나를 시달리게 만들었다. 그간의 생활을 돌이켜보면 나에게 힘이 되어줄 수 있는 건 나의 미래밖에 없었다. 단지 멀리서 난 그 종점을 향하여 한걸음 한걸음씩 다가설 뿐이다. 자신에 대한 채찍질 그리고 나의 성실한 생활태도는 나로하여금 천천히 그 종점에 가까워지게 하였다. 国書日本語学校의 540일 동안은 나로 하여금 목표중의 첫정거장 "早稲田大学" 에 이르게 하였다.

우연한 기회에 난 東洋言語学院과 인연을 맺게 되었고, 자신의 경험을, 금방 일본에 도착한 자신과 목표가 같은 청년들과 나누게 하였다. 또 다른 우연한 기회에 나의 일본인보증인佐藤今朝夫께서 나한테 이러한 경험들을 일본인유학생한테 줄 수 있도록 도와주셨다.

일본유학시험방식이 바뀌면서 대학에 붙기가 점점 하늘에 별따기처럼 힘들어 보였다. 하지만 노력을 더 하는 사람한테는 꼭 기회가 찾아오는 법이다. 1~2년이란 시간을 들여 일어공부와 기타 기초학과들을 마스터해야 되었으므로 시간을 유용하게 이용하는 문제가 입학시험에서 합격하는 비결이 되었다. 이 책은 나와 친구 中山貴士(早稲田大学이공과)들이 입학시험을 칠 때 얻은 경험과 기타 유학시험고시의 내용에 관한 바뀐 사항들을 적은 글이다. 유학생들이 배우지 못했는데 또 시험에서 자주 나오는 부분에 대해 그 비중을 두었다. 바라건데 짧은 시간내에 좋은 성적을 거둘 수 있기를 바란다. 아래의 책의 내용대로 복습한다면 시험에서 꼭 훌륭한 성적을 거두리라고 믿어의심치 않는다. 중국에 이런 격언이 있다. "行百里路者，半九十", 즉 백리길을 걷는 사람에 있어서는 목적지에 도착하기전에는 50리나 90리가 같다는 의미다. 끝까지 포기하면 안된다는 뜻이다. 하느님은 공평하다. 노력한자에게는 많이 베풀고 포기하는 자에게는 아무것도 돌아가지 않는다. 모두가 자신에게 기회를 주어 자기가 후회없는 유학생활의 첫 걸음을 잘 디디기를 바란다.

이 책을 쓰는동안 東洋言語学院의 黒田迪也선생님, 呼斯楞선생님, 그리고 黄佳川선생님, 이과반의 王涛, 唐智宇, 方鵬, 胡云, 王昕, 周维娜 등 학생들의 많은 방조를 받았습니다. 동시에 나의 모교인 国書日本語学校의 山田洋子선생님, 小林妙子선생님, 落合太郎선생님의 방조와 지지에 감사드립니다. 또한 中山貴士, 나의 친구林偉光、朴英実가 저한테 좋은 의견과 지지를 준데 대해 감사를 드립니다. 여기에서 저에게 힘을 주신 모든 분들께 깊은 감사의 뜻을 표합니다. 끝으로 이 기회를 빌어서 나를 시종여일 지지해주신 부모님께 삼가 이 책을 드립니다.

Preface

In my childhood, the happiest moment that I have ever enjoyed in my whole life is to run on the wild field watching the perfect combination of the vast green field and blue sky, lying on the soft grass, watching the flying birds and wishing that someday I could fly freely in the sky like them to the other end of the beautiful sky.

Not only do I love the sea but also I like the sitting on the sand-beach observing it expecting that someday I could roam freely to anywhere just like a sailor. But it was not until I stepped out of my country with reverence and awe and stepped onto a new wonderland, did I realize that I have to find my own new life in a strange world.

When I just came to Japan, language was my biggest headache. The stress of life and loneliness of being in a strange country were torturing my heart drastically. Looking back at the old days, the only thing that provides me confidence and courage is the road to the future, which I can only see vaguely and get closer to it step by step gradually. So as not to make it vaguer, it was the 540th days at Kokusho Japanese Language School that I finally entered the very first station of my goals "Waseda University".

By the chance, I have got acquainted with Toyo Language School where I could share my own experience with those youngsters who have just come to Japan with their brand-new hopes and dreams. In the same token, it was very lucky of me to know my guarantor in Japan, Mr. Kesao Sato who granted me such a valuable opportunity to share my experience with more and more students.

The reform of 'Japanese Test for Foreign Student' has made it harder for pre-college students to enter the university but just because of this change, it may offer more chances for those who take real efforts everyday. Within one or two years of time, they have to study not only Japanese Language but also all the other subjects. "How to pan your time" would play the key role in your university entrance.

This book consists of some of the experiences of my best friend Mr. Takashi Nakayama's and mine when we took the university entrance exams. We mainly emphasize on the parts that students always neglect but often shown up in the exams. I hope you can follow the instructions of this book and make the best use out of it within the shortest time possible. There is an old saying in China which is 'if you can complete 100 miles walking, when you reached 90 miles means you finished 50%.' To make it simple before the finish line 90 miles equals to 50 miles. Never give up doing anything before the end turned out. Give yourself a chance and replenish your life.

During the composition of this book, I have received helps from Ph.D. Michiya Kurota, Dr. Husuleng and Mr. Jiachuan Huang of Toyo Language School, as well as the students Tao Wang, Zhiyu Tang, Peng Fang, Yun Hu, Xin Wang and Weina Zhou. At the meanwhile, I would also like to express my sincere gratitude to Miss Yoko Yamada, Miss Taeko Kobayashi and Mr. Taro Ochiai of Kokusho Japanese School and to our best friend Waikong Lam and Eimi Boku, for your constant advices and ongoing supports. In the end, I would like to avail this opportunity to present this book to my parents who have been supporting me throughout my life.

目次

はじめに（日本語・中国語・韓国語・英語）

本書の特徴

本書の使い方

第1章　数と式／集合と論理

1．整式　12　2．数の整理　15　3．整式の除法　17　4．等式・不等式の証明　20　5．組立除法（発展）　23　6．集合と論理　26　章末練習　28

第2章　2次関数

1．2次関数　38　2．2次方程式　46　3．2次不等式　50　章末練習　52

第3章　指数関数／対数関数

1．指数関数　64　2．対数関数　68　章末練習　71

第4章　三角関数

1．三角比　82　2．三角比の応用　84　章末練習　87

第5章　平面図形／空間図形

1．三角形　94　2．円　98　3．点と直線　103　4．空間図形　108　章末練習　109

第6章　数列／級数

1．等差数列、等比数列　124　2．いろいろな数列　128　3．二項定理、多項定理　131　章末練習　133

第7章 組合せと順列／確率

1. 個数の処理 142　2. 順列、組合せ 144　3. 確率 146　4. 期待値（平均値）151　章末練習 152

第8章 微分法

1. 導関数 164　2. 導関数の応用 168　章末練習 172

第9章 積分法

1. 不定積分 180　2. 定積分 183　章末練習 189

解答と解説

章末練習 198

本書の特徴

　日本の大学の受験を目指し就学生(留学生)は最長2年間で、日本語を学びながら大学の受験勉強をしなければなりません．日本留学試験には、国公立大学の文系の多くに数学コース1があります．理工系を目標としている学生はコース2が必修です．又多くの受験生は英語も学習しなければなりません．限られた時間の中でこれらを学習することは非常に大変です．本書は限られた時間の中で、負担は軽く効果は最大にと一人で学習できるように以下の内容に従って編集されています．

(1) 数学コース1は、文系の範囲を全て網羅しています．
(2) 理系を受験する学生は、基礎を確実にするために本書コース1の学習をお薦めます．
(3) 分かりにくい用語には中国語、韓国語、英語で注釈をつけてあります．
(4) 基本事項の公式は是非暗記してください．
(5) 重要な専門用語は英語で併記してあります．
(6) 母国であまり勉強していない単元、例えば微分・積分、また日本語表現で理解しにくい単元として統計・確率等は分かり易く説明してあります．
(7) 文系(コース1)を受験する学生は、解説及び例題だけでも完全に習得すればかなり高得点が得られます．
(8) 筆者が二人とも留学生であるために、学習者の立場に立って書かれています．二人が留学生を対象とした日本語学校の数学講師として学生に数学を教える課程で、時間的に制約を受けている留学生の弱点を掴みながら編集しました．

　21世紀はどこの国も科学技術の振興に力をいれ、文系理系の境界も無くなり総合的判断力が必要となる時代になっています．文系の方は将来、数学は直接関係がないとおっしゃるかもしれません。しかし、数学における論理的な志向を学び将来に是非生かすよう望みます．理系の方は科学技術の振興の先頭に立つ心意気で学習してください．科学技術の振興こそが産業を興し経済力をつけ、人々の生活の安定につながるからです．あなたが本書を効率的に使って、目的を達成されることを望みます．

2003年1月5日

　　　　　　　　　　　　　　　　　　　　　　　　　　　　理学博士　黒田迪也

本書の使い方

本書は基本事項・例題・問題の順で構成されていて、各章末毎に練習問題があります。一通りすべての章の基本事項・例題・問題に取り組んだ上で、もう一度最初に戻って章末の問題に A、B、C の順でとりかかることをお勧めします．

［例題］
その項目で使う基本事項をすべて含んだ基本となる問題です．

［コメント］
例題の解き方や基本事項また公式の説明などです．

［練習問題］
練習問題 A は基礎、B は留学試験の内容と同じものです。C は大学入学後に経済学部・商学部・経営学部などで扱う内容のものです．

［解答と解説］
A に関しては基本的に答えのみ、B および C でとりあげた難易度の高い問題に関しては詳しく解説してあります．

第1章

数と式
集合と論理

1. 整式(Polynomial)

Ⅰ、展開(Expansion)・因数分解(Factorization)公式

(1) $m(a+b+c) = ma+mb+mc$

(2) $(a \pm b)^2 = a^2 \pm 2ab + b^2$

(3) $(a+b)(a-b) = a^2 - b^2$

(4) $(x+a)(x+b) = x^2 + (a+b)x + ab$

(5) $(ax+b)(cx+d) = acx^2 + (ad+bc)x + bd$

(6) $(a+b+c)^2 = a^2 + b^2 + c^2 + 2ab + 2bc + 2ac$

(7) $(a \pm b)^3 = a^3 \pm 3a^2b + 3ab^2 \pm b^3$

(8) $(a \pm b)(a^2 \mp ab + b^2) = a^3 \pm b^3$

(9) $(a+b+c)(a^2+b^2+c^2-ab-bc-ac) = a^3+b^3+c^3-3abc$

> コメント：
> 这一部分是数学的基本公式，在解决因式分解的问题和函数问题的时候经常使用．
> 이 부분은 수학의 기본공식으로서 인수분해와 함수문제에서 자주 사용한다．
> This section contains the fundamental formulas of mathematics, which is commonly used in solving factorization and function problems.

問 1.1、次の式を展開せよ．

(1) $(-x-2y)(-x+2y)$ (2) $(x+2)(x+4)$

(3) $(x+1)^3$ (4) $(x-y-z)^2$

問 1.2、次の式を因数分解せよ．

(1) $a(x-1)+5(x-1)$ (2) $x^2+8x+16$

(3) x^2+5x+4 (4) x^3+27

(5) $(x+y)^2 - 3(x+y) + 2$ (6) $x^2+ax-3x-3a$

例題1.1 $a^2+b^2+ac-bc-2ab$ を因数分解せよ.

解：$a^2+b^2+ac-bc-2ab = (a-b)c + a^2 - 2ab + b^2$
$= (a-b)c + (a-b)^2$
$= (a-b)\{c+(a-b)\}$
$= (a-b)(a-b+c)$

例題1.2 $2x^2-xy-y^2-4x+y+2$ を因数分解せよ.

解：$2x^2-xy-y^2-4x+y+2 = 2x^2-(y+4)x-(y^2-y-2)$
$= 2x^2-(y+4)x-(y-2)(y+1)$
$= \{2x+(y-2)\}\{x-(y+1)\}$
$= (2x+y-2)(x-y-1)$

コメント：
这种题型是因式分解中较难的一种，做法是将题中多个变量中的一个按降幂排列，进行整理后，在进行因式分解.
이러한 문제는 인수분해에서 비교적 자주 출제되는 유형으로서, 절차는 여러개의 다변량들 중의 하나를 내림차순으로 정리하고, 인수분해를 하면 된다.
This type of question is of certain difficulty in all kind of factorization. The solution to this kind of question is to rearrange one of the variable quantities according to power-decreasing theorem and factorization follows afterwards.

問1.3、次の式を因数分解せよ.
(1) $x^2+4xy+3y^2+x+5y-2$
(2) $x^2+3xy+2y^2+x-y-6$
(3) $x^2+5xy+6y^2+3x+5y-4$

II、整式(整数) A、B の最大公約数(Greatest Common Measure)を G、最小公倍数(Least Common Multiple)を L とすると
(1) $A=aG$、$B=bG$ （a、b は互いに素）
(2) $L=abG=aB=bA$、$AB=GL$

Ⅲ、重要な恒等式(Identity)

（1） $a^2 + b^2 = (a+b)^2 - 2ab$

（2） $(a+b)^2 + (a-b)^2 = 2(a^2 + b^2)$

（3） $(a+b)^2 - (a-b)^2 = 4ab$

（4） $a^3 \pm b^3 = (a \pm b)^3 \mp 3ab(a \pm b)$

2. 数の整理

I、除法の原理

整数 a を整数 b で割って、商を q、余りを r とすると
$$a = bq + r \quad (0 \leq r < b)$$
特に、$r = 0$ の時、a は b の**倍数(Multiple)**、b は a の**約数(Measure)**という．

II、絶対値(Absolute Value)

(1) $a \geq 0$ の時、$|a| = a$、$a < 0$ の時、$|a| = -a$

(2) $|a| = |-a|$、$|ab| = |a||b|$

(3) $|a + b| \leq |a| + |b|$

例題 1.3 $2x + |x - 3| = 12$ を満たす実数 x の値を求めよ．

解：(1) $x - 3 \geq 0$、つまり、$x \geq 3$ のとき、$2x + x - 3 = 12$ より、$x = 5$
これは、$x \geq 3$ に適する．
(2) $x - 3 < 0$、つまり、$x < 3$ のとき、$2x - x + 3 = 12$ より、$x = 9$
これは、$x < 3$ に適さない．
以上より、$x = 5$．

問 1.4、次の式を満たす実数 x を求めよ．

(1) $|x - 6| = 3$ （2）$|2 - x| = 4$

III、比例式

$$x : y : z = a : b : c \Leftrightarrow \frac{x}{a} = \frac{y}{b} = \frac{z}{c} = k \Leftrightarrow x = ak、y = bk、z = ck \ (k: 定数)$$

IV、連続整数の積

(1) 連続する2つの整数の積は2の倍数である．

(2) 連続する3つの整数の積は6の倍数である．

V、平方根(Square Root)

$a > 0$、$b > 0$のとき、

(1) $\sqrt{a}\sqrt{b} = \sqrt{ab}$

(2) $\dfrac{\sqrt{a}}{\sqrt{b}} = \sqrt{\dfrac{a}{b}}$

問 1.5、次の式を簡単にせよ．

(1) $\sqrt{28} + \sqrt{63}$

(2) $\sqrt{12} - \sqrt{75} + \sqrt{48}$

(3) $2\sqrt{8} + \sqrt{12} - \sqrt{50} - \sqrt{\dfrac{27}{4}}$

(4) $\sqrt{\dfrac{2}{9}} - \sqrt{8} + \dfrac{\sqrt{18}}{3}$

例題 1.4　$\dfrac{\sqrt{2}-1}{\sqrt{6}+\sqrt{3}}$ の分母を有理化(Rationalization of Denominator)せよ．

解：$\dfrac{\sqrt{2}-1}{\sqrt{6}+\sqrt{3}} = \dfrac{(\sqrt{2}-1)(\sqrt{6}-\sqrt{3})}{(\sqrt{6}+\sqrt{3})(\sqrt{6}-\sqrt{3})} = \dfrac{2\sqrt{3}-\sqrt{6}-\sqrt{6}+\sqrt{3}}{6-3} = \dfrac{3\sqrt{3}-2\sqrt{6}}{3}$

問 1.6、次の式の分母を有理化せよ．

(1) $\dfrac{1}{\sqrt{18}}$

(2) $\dfrac{1}{\sqrt{6}-\sqrt{3}}$

(3) $\dfrac{4}{\sqrt{7}+\sqrt{3}}$

(4) $\dfrac{\sqrt{7}+2}{\sqrt{7}-2}$

3. 整式の除法(Division)

> コメント：
> 在日本的留学考试中这一部分比较重要，原理与数的除法是一样的.
> 일본유학대학입시 고사에서 중요한 부분으로서, 그 원리는 수의 일반 나눗셈과 비슷하다.
> This is a very important part in Japanese foreign students' examination. The division method of principle and number is the same.

Ⅰ、$f(x)$を$g(x)$で割った時の商を$Q(x)$、余りを$R(x)$とすると
$f(x) = g(x)Q(x) + R(x)$ ($R(x)$の次数 $<$ $g(x)$の次数)

例題1.5 $(2x^2 - a^2) \div (x - a)$を、$x$についての整式の除法と考えて計算し、商とあまりを求めよ.

解：
$$\begin{array}{r} 2x + 2a \\ x-a \overline{\smash{)}\,2x^2 - a^2} \\ \underline{2x^2 - 2ax} \\ 2ax - a^2 \\ \underline{2ax - 2a^2} \\ a^2 \end{array}$$

$\begin{cases} 商： & 2x + 2a \\ 余り： & a^2 \end{cases}$

> コメント：
> 在计算的过程当中一定要按着变量的降幂排列，缺位的时候要用0来补位. 这是关键！
> 풀이과정에 반드시 내림차순으로의 정리에 유의하여야 하며, 중간에 차수의 항이 없으면 그 항의 계수를 0으로 한다.
> During calculation, you should follow the rules of power-decreasing theorem. When it misses any digit, insert 0 as the supplement and this is very crucial！

問 1.7、次の整式 A、B を x についての整式と考えて A を B で割り、商と余りを求めよ.
  （1） $A = 4x^2 - 3x + 2$、$B = x - 1$
  （2） $A = x^3 - 2x^2 - 11x + 6$、$B = x^2 + 2x + 3$
  （3） $A = 2x^2 + 5xy - 3y^2$、$B = 2x - y$

II、剰余定理(Remainder Theorem)

（1） $f(x)$ を $x - a$ で割った時の余りを R とすると、$R = f(a)$
  証明：もし $f(x)$ を $x - a$ で割ったとき、商を $Q(x)$、余り R とすると
$$f(x) = Q(x)(x-a) + R$$
$$x = a \text{ のとき、} f(a) = R$$
  よって $R = f(a)$

（2） $f(x)$ が $ax + b(a \neq 0)$ で割った時の余りを R とすると、$R = f\left(-\dfrac{b}{a}\right)$

コメント：

注意，剩余定理的适用范围是除数是一次式的时候.

주의:나머지정리의 응용범위는 나누는 수가 1차여야 한다.

Notice, residual theorem only applies to those division digits with one degree nominal.

III、因数定理(Factor Theorem)

（1） $f(x)$ を $x - a$ で割り切れる $\Leftrightarrow f(a) = 0$

（2） $f(x)$ が $ax + b$ で割り切れる $\Leftrightarrow f\left(-\dfrac{b}{a}\right) = 0$

例題 1.6 整式 $x^3 + 2x^2 + a$ が $x - 1$ で割り切れるとき a の値を求めよ.

解：割りけれるによって、余りが 0 である. 剰余定理から
$$f(1) = 3 + a = 0 \Rightarrow a = -3$$
である.

例題1.7　整式 $f(x)$ を $(x-1)$ で割るとき、余りが1になり、$(x+5)$ で割ると -5 になる. $(x-1)(x+5)$ で割るとき、余りを求めよ.

解：$f(x)$ が $(x-1)(x+5)$ で割るとき、余りは $ax+b$ とし、商は $Q(x)$ とすると
$$f(x) = Q(x)(x-1)(x+5) + (ax+b)$$
$(x-1)$ で割るとき、余りは1であるから、$f(1) = a+b = 1$
$(x+5)$ で割るとき、余りは -5 であるから、$f(-5) = -5a+b = -5$
よって、$a = 1$、$b = 0$ となる.
求める余りは x である.

コメント：
整式除法中的余数一定比除数的最高次小一次或是常数．題中的 $(x-1)(x+5)$ 是二次式，余数所以一定是一次式或是常数．当 $x=1$ 的时候 $f(1)=1$ 也就是被 $(x-1)$ 除的时候的余数。同理 $f(-5)=-5$，然后解这个二元一次的方程组．

나눗셈에서의 나머지는 반드시 나누는 수의 가장 높은 차수보다 1차 낮거나 상수여야 한다. 여기서, (x-1)(x+5)는 2차식이기때문에 나머지의 차수는 반드시 1차 또는 상수여야 한다. x=1 일때 f(1)=1, 즉 (x-1)로 나눌때의 나머지이다. 마찬가지로 f(-5)=-5 그리고, 2원 1차방정식을 풀면 된다.

In polynomial division, the remainder must be one degree less than division digit or a constant. If, in the question, $(x-1)(x+5)$ is a two-degree-nominal, the remainders must be a one degree less than division digit or a constant. When $x=1$, $f(1)=1$ is the remainder when divided by $(x-1)$. In the same token, $f(-5)=-5$, then let's solve this two degree monomial.

問1.8、次の余りを計算せよ.
（1）$x^4 - 1$ を $x+1$、$x+2$ および $(x+1)(x+2)$ で割るとき、それぞれの余りを求めよ.
（2）$x^2 + 2x - a$ と $x^3 - ax$ を $x+2$ で割る余りが等しい. その余りを求めよ.

4. 等式・不等式の証明

Ⅰ、$A = B$ の証明
(1) $A - B = 0 \Leftrightarrow A = B$
(2) $A = C$、$B = C \Leftrightarrow A = B$

例題 1.8　等式 $(a^2 + b^2)(c^2 + d^2) = (ac + bd)^2 + (ad - bc)^2$ が成り立つことを証明せよ．

証明：$(a^2 + b^2)(c^2 + d^2) = a^2c^2 + b^2c^2 + a^2d^2 + b^2d^2$

$(ac + bd)^2 + (ad - bc)^2 = (a^2c^2 + 2abcd + b^2d^2) + (a^2d^2 - 2abcd + b^2c^2)$

$= a^2c^2 + b^2c^2 + a^2d^2 + b^2d^2$

よって、$(a^2 + b^2)(c^2 + d^2) = (ac + bd)^2 + (ad - bc)^2$

問 1.9、次の等式を証明せよ．

(1) $(a + b)^2 - 2ab = (a - b)^2 + 2ab$

(2) $(a^2 + 1)(b^2 + 1) = (ab - 1)^2 + (a + b)^2$

(3) $(ax - by)^2 - (ay - bx)^2 = (a^2 - b^2)(x^2 - y^2)$

Ⅱ、$A > B$ の証明
(1) $A - B > 0 \Leftrightarrow A > B$
(2) $A > C$、$C > B \Leftrightarrow A > B$

例題 1.9　不等式 $a^2 + b^2 + c^2 \geq ab + bc + ca$ を証明せよ．

証明：$a^2 + b^2 + c^2 - (ab + bc + ca)$

$= \dfrac{1}{2}(a^2 - 2ab + b^2 + b^2 - 2bc + c^2 + c^2 - 2ac + a^2)$

$$= \frac{1}{2}\{(a-b)^2 + (b-c)^2 + (c-a)^2\} \geq 0$$

よって、$a^2 + b^2 + c^2 \geq ab + bc + ca$

問 1.10、次の不等式を証明せよ．

(1) $x^2 + 1 \geq 2x$ (2) $(x+y)^2 + (x-y)^2 \geq 4xy$

(3) $x^2 + 4x + 5 > 0$ (4) $x^2 + 12 > 6x$

Ⅲ、基本的な不等式

(1) A:実数 $\Leftrightarrow A^2 \geq 0$

(2) **相加・相乗平均の関係**: $a > 0$、$b > 0$ の時、$\dfrac{a+b}{2} \geq \sqrt{ab}$

(3) $a^2 + b^2 + c^2 \geq bc + ca + ab$（$a$、$b$、$c$：実数）

例題 1.10 $a > 0$、$b > 0$ のとき、不等式 $\dfrac{a+b}{2} \geq \sqrt{ab}$ を証明せよ．また、等号が成り立つのはどのようなときか．(相加平均と相乗平均との関係の証明)

証明：$\dfrac{a+b}{2} - \sqrt{ab} = \dfrac{1}{2}\{(\sqrt{a})^2 - 2\sqrt{a}\sqrt{b} + (\sqrt{b})^2\} = \dfrac{1}{2}(\sqrt{a} - \sqrt{b})^2 \geq 0$

よって、$\dfrac{a+b}{2} \geq \sqrt{ab}$

また、等号が成り立つのは、$\sqrt{a} - \sqrt{b} = 0$、つまり、$a = b$ の時である．

問 1.11、次の不等式を証明せよ．

(1) $a + \dfrac{9}{a} \geq 6$ (2) $(a + 2b)\left(\dfrac{1}{a} + \dfrac{1}{2b}\right) \geq 4$

(3) $a + \dfrac{1}{4a} \geq 1$ (4) $\left(a + \dfrac{1}{b}\right)\left(b + \dfrac{1}{a}\right) \geq 4$

等式・不等式の証明

Ⅳ、証明の技法
(1) $a = b = c = 0 \Leftrightarrow a^2 + b^2 + c^2 = 0$
(2) a、b、cのうちのすくなくとも1つが0 $\Leftrightarrow abc = 0$
(3) a、b、cが互いに異なる $\Leftrightarrow (a-b)(b-c)(c-a) \neq 0$

5. 組立除法(発展) (Synthetic Division)

> コメント：
> 组立除法与剩余定理的使用条件是一样的．剩余定理用于余数的计算，商是表现不出来的，而组立除法的话就可以求出商以及余数，在应用时要根据情况来选用．如果只要求余数的话用剩余定理，求商的话就要用组立除法．
>
> 조립제법의 응용범위도 나머지 정리와 동일하다. 나머지 정리로는 나머지만 구할 수 있을 뿐 몫은 얻을 수 없다. 하지만 조립제법으로는 나머지 뿐 만아니라 몫도 구할 수 있으므로 상황에 따라 능동성있게 선택을 해야 한다. 즉, 나머지만 구하라는 문제에서는 나머지 정리로 충분히 풀수 있고 나머지 및 몫까지 요구하는 문제에서는 조립제법을 사용해야 한다.
>
> The conditions for using Synthetic Division and the remainder theorem are the same. Remainder theorem applies to the calculation of remainder and the quotient will not be shown. But if it is Synthetic division, you can figure out the quotient and the remainder. Under different circumstances, certain way of calculation shall be put into practice. If it only requires you of the remainder, please use the remainder theorem. As for the quotient, please Synthetic Division.

整式 $P(x)$ を、一次式 $x-k$ で割った時の商と余りを求めるのに、簡便な方法がある．これを、

$$P(x) = ax^3 + bx^2 + cx + d$$

の場合について示そう．今、この式を $x-k$ で割った時、

商：$lx^2 + mx + n$、余り：R

になったとすると、

$$ax^3 + bx^2 + cx + d = (x-k)(lx^2 + mx + n) + R \quad \cdots ①$$

と表せる．ここで、①の右辺を展開すると、

$$lx^3 + (m-lk)x^2 + (n-mk)x - nk + R$$

①の両辺の各項の係数は等しいから、

$$a = l、b = m - lk、c = n - mk、d = R - nk$$

よって、

$$l = a、m = b + lk、n = c + mk、R = d + nk$$

この結果を使うと、l、m、n、Rは、a、b、c、dおよびkから、次のような手順で求めることができる.

> コメント：
> 与整式的除法一样缺项要用0来补位.
> 일반 나눗셈과 똑같이 차수가 없는 항은 0으로 대체 해야 한다
> It is the same as polynomial. When one digit is missing, insert 0 as the supplement.

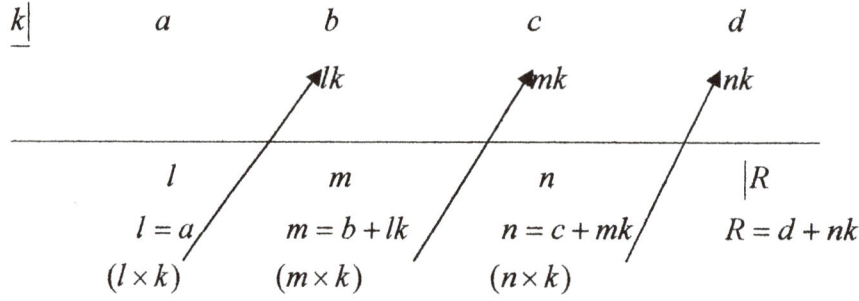

上のようにして、一次式で割った時の商と余りを求める方法を**組立除法**（くみたてじょほう）という.

例えば、$(2x^3 - 5x^2 - 1) \div (x+2)$を組立除法で計算すると下のようになり、

$$\begin{array}{r|rrrr} -2 & 2 & -5 & 0 & -1 \\ & & -4 & 18 & -36 \\ \hline & 2 & -9 & 18 & |-37 \end{array}$$

商 $2x^2 - 9x + 18$、余り -37 が得られる.

もし除数の最高次数が2の場合は、除数を因数分解して、組立除法を二回使えばよい。

例えば、$(3x^4 + 3x^3 + 2x^2 - x + 12) \div (x^2 + x - 6)$を組立除法で計算すると
まず除数を因数分解：$x^2 + x - 6 = (x-2)(x+3)$

```
+2 | 3   3   2   -1   12
        6   18   40   78
─────────────────────────
-3 | 3   9   20   39   90
       -9    0  -60
    3   0   20  -21
```

$$(3x^4 + 3x^3 + 2x^2 - x)$$
$$= (3x^3 + 9x^2 + 20x + 39)(x-2) + 90$$
$$= \{(3x^2 + 20)(x+3) - 21\}(x-2) + 90$$
$$= (3x^2 + 20)(x+3)(x-2) - 21(x-2) + 90$$
$$= (3x^2 + 20)(x+3)(x-2) - 21x + 132$$

よって、商 $3x^2 + 20$、余り $-21x + 132$

問 1.12、次の式を組立除法を用いて計算せよ．
（1）$(-2x^3 + x^2 + 5x - 4) \div (x-1)$
（2）$(2x^3 + 3x^2 - 6x + 2) \div (x-1)$

6. 集合と論理(Set & Logic)

I、集合(Set)：ある定められた条件を満たすものの集まり．

要素(Element)：集合を構成する１つ１つのもの．

　aが集合Aの要素であるとき、aはAに含まれる（属する）といい$a \in A$と書く、aはAに含まれない(属さない)といい、$a \notin A$と書く．

共通集合(Commonness of Sets)：$A \cap B$

和集合(Sum of Sets)：$A \cup B$

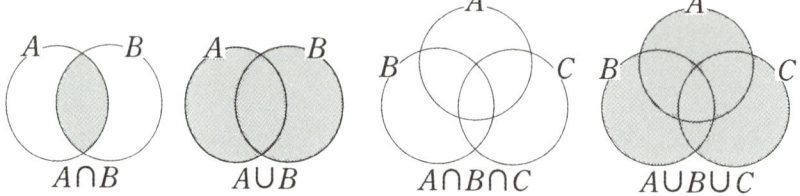

上のようなベン図(Venn Diagram)を使うと分かりやすい．

II、必要条件・十分条件(Necessary Condition・Sufficient Condition)

　$p \Rightarrow q$（pはqの十分条件、qはpの必要条件)

必要十分条件(Necessary & Sufficient Condition)

　$p \Leftrightarrow q$（pはqの必要十分条件)

問1.13、次の条件p、qについて、pがqの必要十分条件になっているものはどれか．

(1) $p : x < 3, \quad q : x < 0$

(2) $p : x - 4 = 3x, \quad q : x = -2$

(3) $p : x^2 = 4, \quad q : x = 2$

III、対偶(Contraposition)

(1) $p \Rightarrow q$の対偶は：$\bar{q} \Rightarrow \bar{p}$

コメント：
如果p成立的话q就成立．它的对偶命题就是q不成立的话，p也不成立．

P는 Q의 필요충분 조건으로서, 대우 또는 명제 즉, Q가 성립 하지 않으면 P도 성립하지 않는다.

If P is true, Q is the same. Its dual proposition –q is not true, p is also false.

（２）命題(Proposition)の真偽はその対偶の真(Truth)偽(False)と一致する．

問 1.14、次の命題の対偶を作れ、また、その真偽を調べよ．
　（１） $x = 1$ ならば $x^2 = 1$
　（２） $x > 3$ ならば $x^2 > 9$
　（３） $x^2 = 4$ ならば $x = 2$
　（４） $x \neq 3$ ならば $x^2 - 6x + 9 > 0$

IV、数の集合
　① 正の整数(Integer)(自然数)(Natural Number)全体の集合を N
　② 整数全体の集合を Z
　③ 有理数(Rational Number)全体の集合を Q
　④ 実数(Actual Number)全体の集合を R
　⑤ 複素数(Complex Number)全体の集合を C
とすると
$$N \subset Z \subset Q \subset R \subset C$$
である．

章末練習

練習 A

1. 次の式を展開せよ.
   (1) $(x+3y+2z)(x+3y-2z)$
   (2) $(3x+2y-z)(3x-2y+z)$
   (3) $(x^2+2x+4)(x^2+2x-5)$

2. 次の式を因数分解せよ.
   (1) x^2-6x+5
   (2) $6a^2-17a+12$
   (3) $ax^2+(a^2+3)x+3a$
   (4) $x^3+12x^2+48x+64$

3. 次の整式 A を整式 B で割り、商と余りを求めよ.
   (1) $A=x^3+4x^2+3x-5$, $B=x^2+2x-3$
   (2) $A=2x^4+x^3+2x-1$, $B=x^2-2$
   (3) $A=3x^3+4x^2y-13xy^2+6y^3$, $B=3x-2y$

4. 次の式の分母を有理化せよ.
   (1) $\dfrac{1}{\sqrt{18}}$
   (2) $\dfrac{1}{\sqrt{6}-\sqrt{3}}$
   (3) $\dfrac{4}{\sqrt{7}+\sqrt{3}}$
   (4) $\dfrac{\sqrt{7}+2}{\sqrt{7}-2}$

5. $\dfrac{\sqrt{2}}{\sqrt{2}+1}+\dfrac{1}{\sqrt{2}-1}$ を計算せよ．

6. 次の問に答えよ．

 (1) $(2+\sqrt{3}+\sqrt{7})(2+\sqrt{3}-\sqrt{7})$ を計算せよ．

 (2) (1)の結果を利用して、$\dfrac{1}{2+\sqrt{3}+\sqrt{7}}$ の分母を有理化せよ．

7. $x-y=1$ のとき、次の等式を証明せよ．
 (1) $x^2-x=y^2+y$
 (2) $x^2+y^2=2xy+x-y$

8. 次の式が x についての恒等式となるように、定数 a、b、c の値を定めよ．

 (1) $a(x+2)^2+b(x+2)+c=x^2+2x+1$
 (2) $(ax+2)(2x+b)=6x^2+7x+c$
 (3) $ax(x+1)+b(x+1)(x+2)+cx(x+2)=5x^2+2$

9. 次の不等式を解け．

 (1) $|x+4|<5$

 (2) $|2x-7|<3$

 (3) $|3x+4|\leq 1$

 (4) $|4x-3|\leq 9$

10. 次の方程式、不等式を解け．

 (1) $(\sqrt{2}-1)x^2-\sqrt{2}x+1=0$

(2) $\begin{cases} xy + x + y = 11 \\ 2xy - (x + y) = 7 \end{cases}$

(3) $\begin{cases} x^2 - 4x - 8 \geq 0 \\ 6x^2 + 7x - 3 > 0 \end{cases}$

11. 次の不等式を証明せよ.
   (1) $x^2 + 4x + 5 > 0$
   (2) $x^2 + 12 > 6x$
   (3) $x^2 + x + 1 > 0$
   (4) $x^2 + 4 > 3x$
   (5) $a^2 + 4ab + 4b^2 \geq 8ab$
   (6) $(a^2 + 4)(x^2 + 1) \geq (ax + 2)^2$

12. a、b が正の数の時、次の不等式を証明せよ.
   (1) $a + \dfrac{1}{a} \geq 2$
   (2) $(a + b)\left(\dfrac{1}{a} + \dfrac{1}{b}\right) \geq 4$

13. 次の___の中に"必要"、"十分"、"必要十分"のうち、当てはまるものを入れよ.
   (1) $xy > 0$ は $x > 0$ かつ $y > 0$ であるための___条件である.
   (2) $x^2 + y^2 = 2xy$ は $x = y$ であるための___条件である.
   (3) $x = 3$ かつ $y = 1$ は $x - y = 2$ であるための___条件である.

14. 次の命題の対偶を作れ.
   (1) $x = 1 \Rightarrow x^2 - 3x + 2 = 0$
   (2) $a + c = c + b \Rightarrow a = b$
   (3) $ab > ac \Rightarrow b > c$

練習 B

1. 次の式を展開せよ.
   (1) $(x-1)(x-2)(x+3)(x+4)$
   (2) $(a-1)(a+1)(a^2+1)(a^4+1)$
   (3) $(x+2)(x-2)(x^2+2x+4)(x^2-2x+4)$
   (4) $(x+y)(x-5y)(x^2-4xy+5y^2)$

2. 次の式を展開せよ.
   (1) $(a+b+c)(a-b+c)(a+b-c)(a-b-c)$
   (2) $(a+b+c)(a-b+c)(a+b-c)(-a+b+c)$
   (3) $(a+b+c)(a^2+b^2+c^2-ab-bc-ac)$

3. 次の式を因数分解せよ.
   (1) $(x^2-x+1)(x^2-x+2)-12$
   (2) $a^3+a^2b-ac^2-bc^2$
   (3) $x^2+2xy+y^2+3x+3y+2$
   (4) $2x^2-xy-y^2+5x+y+2$
   (5) x^4+5x^2+9
   (6) $(x+1)(x+3)(x+5)(x+7)+15$
   (7) $bc(b-c)+ca(c-a)+ab(a-b)$
   (8) $bc(b+c)+ca(c+a)+ab(a+b)+2abc$

4. 次の条件を満たす整式 P を求めよ.
   (1) P を $x-3$ で割ると 2 余り、商は $-3x^2+x-1$ となった.
   (2) 整式 x^3+4x^2+2x+3 を P で割ると、商が x^2+3x-1、余りが 4 となった.
   (3) 整式 $x^4-x^3-8x^2+12x-2$ を P で割ったら、商が x^2+2x-3、余りが $x+1$ となった.

5. x についての整式 P を x^2-1 で割ると $3x-4$ 余り、その商をさらに x^2-3x+4 で割ると $x+1$ 余る. このとき、P を $(x^2-1)(x^2-3x+4)$ で割ったときの余りを求めよ.

6. $x = \dfrac{1}{\sqrt{7}+\sqrt{6}}$、$y = \dfrac{1}{\sqrt{7}-\sqrt{6}}$ のとき、次の式の値を求めよ．

   (1) $x+y$ 　　(2) xy 　　(3) x^2+y^2

7. $x = \dfrac{\sqrt{2}+1}{\sqrt{2}-1}$、$y = \dfrac{\sqrt{2}-1}{\sqrt{2}+1}$ のとき、$x^3+x^2y+xy^2+y^3$ の値を求めよ．

8. 次の式の二重根号をはずして簡単にせよ．

   (1) $\sqrt{5+2\sqrt{6}}$

   (2) $\sqrt{4-\sqrt{12}}$

   (3) $\sqrt{3+\sqrt{5}}$

9. 次の等式を証明せよ．
$$x^2+y^2+z^2-xy-yz-zx = \dfrac{1}{2}\{(x-y)^2+(y-z)^2+(z-x)^2\}$$

10. 等式 $(k-1)x+(k-2)y-3k+6=0$ が、どのような k の値に対しても成り立つように x、y の値を定めよ．

11. x についての等式 ax^3-2x^2+5x+b は x^2-x-2 と整式 P の積である．このとき、定数 a、b の値を求めよ．

12. 方程式 $|x|+|x-9|=x+6$ を解け．

13. 不等式 $|4x-5| \geq |3x-2|$ を解け．

14. 次の不等式を証明せよ．

（1） $a>1$、$b>1$ の時、$ab+1>a+b$

（2） $a>0$、$b>0$ の時、$\sqrt{2(a+b)} \geq \sqrt{a}+\sqrt{b}$

15. 不等式 $x^4+y^4 \geq x^3y+xy^3$ が成り立つことを証明せよ．

16. a、b、c が整数の時、$a^2+b^2=c^2$ ならば、a、b、c のうち少なくとも1つは偶数であることを証明せよ．

練習 C

1. 次の式を展開せよ．
   (1) $(2x+3y)(2x-3y)(4x^2+6xy+9y^2)(4x^2-6xy+9y^2)$ 〔97 山梨学院大〕
   (2) $(a+b+c)^2-(b+c-a)^2+(c+a-b)^2-(a+b-c)^2$ 〔00 奈良大〕

2. 次の式を因数分解せよ．
   (1) $x^2-2y^2-xy-2x+7y-3$ 〔97 札幌大〕
   (2) $x^4-11x^2y^2+y^4$ 〔94 龍谷大〕
   (3) $(x+y)(y+z)(z+x)+xyz$ 〔00 名城大〕
   (4) $x^3+y^3-3xy+1$ 〔94 滋賀大〕
   (5) $(a-b)^3+(b-c)^2+(c-a)^3$ 〔94 松山大〕

3. x の整式 $x^3+ax^2+2x+b-3$ を整式 $P(x)$ で割ると，商が $x-1$，余りが $x-2$ である．また，$P(x)$ を $x-2$ で割ると，余りは $-ab$ である．このとき，定数 a，b のとりうる値を求めよ． 〔00 慶応大〕

4. 整数を係数とする x の整式 A を，x^3+x^2+x+1 で割ると余りは $-3x^2-x+2$ であり，x^2+2x+3 で割ると余りは $5x+3$ であるという．このような A の中で，次数が最小のものを求めよ． 〔97 上智大〕

5. $f(x)=x^3+(a+1)x^2+5x+a-2$，$g(x)=x^3+ax^2+6x+a$ とする時，$f(x)$ と $g(x)$ が共通の因数（x の1次式）を持つような定数 a の値を求めよ．さらに，その時 $f(x)$，$g(x)$ がどのように因数分解されるかを示せ． 〔97 松山大〕

6. 整式 $f(x)$ について，恒等式 $f(x^2)=x^3f(x+1)-2x^4+2x^2$ が成り立つとする．
   (1) $f(0)$，$f(1)$，$f(2)$ の値を求めよ．
   (2) $f(x)$ の次数を求めよ．
   (3) $f(x)$ を決定せよ． 〔98 東京都立大〕

7. a、b、x、y が $a+b=3$、$ab=1$、$x+y=4$、$xy=2$ を満たすとき、$(ax+by)^3+(ay+bx)^3$ の値を求めよ． 〔01 学習院大〕

8. $abc \neq 0$、$a+b+c=0$ のとき、$a\left(\dfrac{1}{b}+\dfrac{1}{c}\right)+b\left(\dfrac{1}{c}+\dfrac{1}{a}\right)+c\left(\dfrac{1}{a}+\dfrac{1}{b}\right)$ の値を求めよ． 〔96 京都産大〕

9. $a+b+c \neq 0$、$abc \neq 0$ を満たす定数 a、b、c が、等式 $\dfrac{1}{a}+\dfrac{1}{b}+\dfrac{1}{c}=\dfrac{1}{a+b+c}$ を満たしている．このとき、任意の奇数 n に対して、等式 $\dfrac{1}{a^n}+\dfrac{1}{b^n}+\dfrac{1}{c^n}=\dfrac{1}{(a+b+c)^n}$ が成り立つことを示せ． 〔99 早稲田大〕

10. x、y の連立方程式 $x+2y=kx$、$3x+2y=ky$、が $x=0$、$y=0$ 以外の解を持つとき、k の値を求めよ． 〔01 芝浦工大〕

11. 不等式 $|x^2-2x-15| \leq x+3$ を解け． 〔98 青山学院大〕

12. 直角三角形の3辺の和が $36cm$ で、内接円の半径が $3cm$ であるとき、この三角形の斜辺の長さを求めよ． 〔徳島文理大〕

13. $kx^2-3x+2k=0$ ……①、$kx^2+kx-6=0$ ……② が共通解(実数解)をただ1つだけもつとき、定数 k の値とその共通解を求めよ． 〔00 神戸学院大〕

14. a、b、c を自然数とする時、次の不等式を証明せよ．
 (1) $\dfrac{1}{2^a}+\dfrac{1}{2^b}+\dfrac{1}{2^c} \leq \dfrac{3}{2}$
 (2) $2^{a+b}+2^{b+c}+2^{c+a} \leq 2^{a+b+c+1}-4$ 〔00 大阪教育大〕

15. (1) $p>0$、$q>0$、$p+q=1$ の時、関数 $f(x)=x^2$ について不等式

章末練習

$f(px_1+qx_2) \leq pf(x_1)+qf(x_2)$ が成り立つことを証明せよ．

（2） $a>0$、$b>0$、$a+b=1$ の時、（1）を用いて不等式 $\left(a+\dfrac{1}{a}\right)^2+\left(b+\dfrac{1}{b}\right)^2 \geq \dfrac{25}{2}$

が成り立つことを証明せよ． 〔95 早稲田大〕

16.（1）関数 $f(x)$ は全ての正の実数に対して定義され、任意の正の実数 s、t に対して $\dfrac{f(s+t)}{s+t} \leq \dfrac{f(s)}{s}$ が成立するという．このとき、任意の正の実数 s、t に対して $f(s+t) \leq f(s)+f(t)$ が成り立つことを証明せよ．

（2）任意の正の実数 a、b と任意の正の整数 n に対して、
$\dfrac{a+b}{1+(a+b)^n} \leq \dfrac{a}{1+a^n}+\dfrac{b}{1+b^n}$ が成立することを証明せよ． 〔94 甲南大〕

第2章

関数
2次関数

1. 2次関数(Quadratic Function)

> コメント：
> 这一章是关于数型结合的知识。函数的极值问题是这一章的关键.
> 이 장은 수형결합의 지식으로서 함수의 극한이 이 장의 요점이다
> In this chapter, it mainly teaches us the structure of numbers. The extreme of function is the most important section in this chapter.

I、2次関数のグラフ(放物線)(Parabola)

$$y = ax^2 + bx + c = a\left(x + \frac{b}{2a}\right)^2 - \frac{b^2 - 4ac}{4a} = a(x-p)^2 + q$$

証明：$y = ax^2 + bx + c$

$$= a\left(x^2 + \frac{b}{a}x\right) + c$$

$$= a\left[x^2 + bx + \left(\frac{b}{2a}\right)^2\right] - a\left(\frac{b}{2a}\right)^2 + c$$

$$= a\left(x + \frac{b}{2a}\right)^2 - \frac{b^2 - 4ac}{4a}$$

(1) 頂点(Vertex)の座標：$(p, q) = \left(-\dfrac{b}{2a}, -\dfrac{b^2 - 4ac}{4a}\right)$、軸(Axis)の方程式：

$$x = p = -\frac{b}{2a}$$

(2) $y = ax^2$ を x 軸方向に $-\dfrac{b}{2a}$、y 軸方向に $-\dfrac{b^2 - 4ac}{4a}$ だけ平行移動すれば得られる.

注：**一般の平行移動**(Symmetric Transformation) 一般に、関数 $y = f(x)$ のグラフを x 軸方向に p、y 軸方向に q だけ平行移動すると、$y = f(x-p) + q$ となる.

例題 2.1　2次関数 $y=-2x^2$ のグラフを頂点が点 $(3,2)$ に来るように平行移動した放物線をグラフとする2次関数を求めよ．

> 解：求める関数は、$y=-2x^2$ のグラフを x 軸の方向に 3、y 軸の方向に 2 だけ平行移動したグラフを持つから
> $$y=-2(x-3)^2+2$$
> すなわち
> $$y=-2x^2+12x-16$$
> である．

問 2.1、次の放物線は $y=-2x^2$ から移動したものである．移動後の p と q を求めよ．

(1)　$y=-2x^2-5$

(2)　$y=-2(x-2)^2$

(3)　$y=-2(x-1)^2+5$

(4)　$y=-2x^2+3x+5$

問 2.2、関数 $y=x^2-2x+3$ のグラフは，関数 $y=x^2+6x-1$ のグラフをどのように平行移動したものか．

例題 2.2　2次関数 $y=-x^2-2x+3$ のグラフの軸と頂点を求め、そのグラフを書け．

> 解：与えられた2次関数は
> $$\begin{aligned}y&=-x^2-2x+3\\&=-\{(x+1)^2-1\}+3\\&=-(x+1)^2+4\end{aligned}$$
> と変形できる．よって、求めるグラフは、軸が直線 $x=-1$、頂点が点 $(-1,4)$、上に凸の放物線であり y 軸と点 $(0,3)$ で交わるから右の図のようになる．

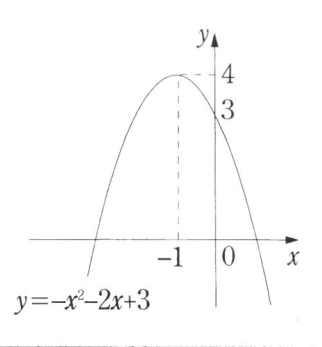

問 2.3、次の関数について、軸の方程式、頂点座標を求めよ．

(1)　$y = x^2 + 4x - 2$

(2)　$y = 4 - x - 2x^2$

(3)　$y = 3(x-1)(x+2)$

(4)　$y = -2x^2 + 5x - 2$

(5)　$y = 4x^2 - 6$

(6)　$y = -\dfrac{1}{2}x^2 + 4x + 3$

II、2次関数の最大・最小(Max & Min)

A　（1）$y = ax^2 + bx + c = a(x-p)^2 + q$ の形に変形する．

（2）（イ）$a > 0$ の時、$x = p$ で最小値 q (最大値なし)

　　　（ロ）$a < 0$ の時、$x = p$ で最大値 q (最小値なし)

（3）条件付の最大値・最小値：変域 $x_1 \leq x \leq x_2$ の時、最大・最小は変域と対称軸の位置とで決定する(グラフを利用するのが原則)．

① **2次関数 $y = a(x-p)^2 + q$ の最大・最小**

$a > 0$ ならば、$x = p$ で最小値 q (最大値なし)

$a < 0$ ならば、$x = p$ で最大値 q (最小値なし)

② $y = ax^2 + bx + c$ **の最大・最小**

$a > 0$ ならば、$x = -\dfrac{p}{2a}$ のとき、最小値は $-\dfrac{b^2 - 4ac}{4a}$、最大値なし

$a < 0$ ならば、$x = -\dfrac{p}{2a}$ のとき、最大値は $-\dfrac{b^2 - 4ac}{4a}$、最小値なし

③ $y = f(x) = ax^2 + bx + c$ **の** $\alpha \leq x \leq \beta$ **における最大・最小**

$\alpha \leq x \leq \beta$ における最大値と最小値は次のようになる．

$a>0$ のとき　　　　　　　　　　　　$a<0$ のとき

最大値	$f(\alpha)$	$f(\beta)$	$f(\alpha)=f(\beta)$	$f\left(-\dfrac{b}{2a}\right)$	$f(\alpha)$
最小値	$f(\beta)$	$f\left(-\dfrac{b}{2a}\right)$	$f\left(-\dfrac{b}{2a}\right)$	$f(\beta)$	$f(\beta)$

④2次関数の決定

求める2次関数を $y=a(x-p)^2+q$ とおく．

q が最大値のときは $a<0$、q が最小値のときは $a>0$ とする．

B　(1) 文字によって変域が変わる場合の最大・最小

$f(x)=x^2-2x$ の $-1\leq x\leq a$ における最大値・最小値を求める．

① $-1\leq a\leq 1$ のとき、② $1\leq a\leq 3$ のとき、③ $3\leq a$ のときに分ける．

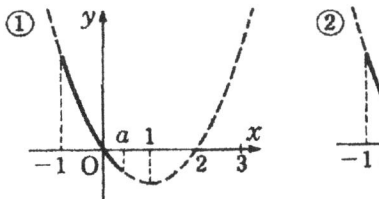

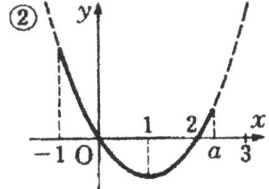

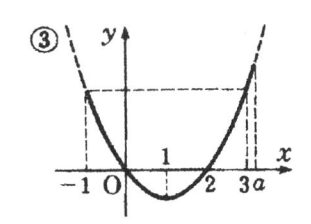

最大値	$f(-1)=3$	$f(-1)=3$	$f(a)=a^2-2a$
最小値	$f(a)=a^2-2a$	$f(1)=-1$	$f(1)=-1$

(2) 文字変数を含む関数の最大・最小

$f(x)=x^2-2ax$ の $-1\leq x\leq 1$ における最大値・最小値を求める．

① $a\leq -1$ のとき、② $-1<a\leq 0$ のとき、③ $0<a\leq 1$ のとき、④ $1<a$ のときに分ける．

> コメント：
> 这种变数在函数内的问题是极值问题最难得，关键在于变域跨过对称轴的时候把变域分成两等部分后进次比较．
> 이런 변수는 함수의 극한에서 가장 어려운 문제중의 하나이다.
> This kind of variable number is of the top difficulty in all function problems. The key is to divide the interval into two equal parts when it crosses the axis of symmetry and then compare the difference.

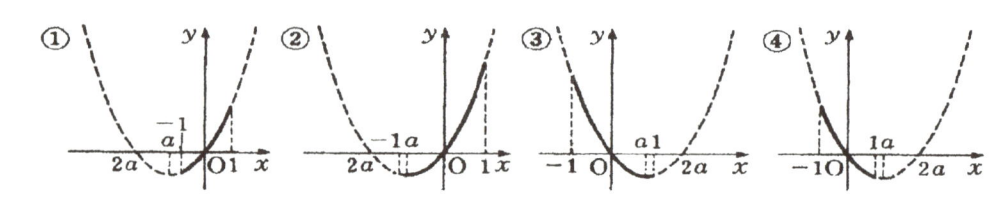

	①	②	③	④
最大値	$f(1)=1-2a$	$f(1)=1-2a$	$f(-1)=1+2a$	$f(-1)=1+2a$
最小値	$f(-1)=1+2a$	$f(a)=-a^2$	$f(a)=-a^2$	$f(1)=1-2a$

> コメント：
> 这类问题的关键是对称轴，判断出对称轴于变数的关系后就很好求了．
> 이러한 문제들은 대칭축과 변수의 관계를 결정하면 문제풀이가 쉽게 되므로 대칭축의 결정이 극히 중요하다.
> The key part of this type of question is the axis of symmetry. After you have figured out the relation between axis of symmetry and variable number, it will be fairly easy to calculate.

例題 2.3　2次関数 $y=-x^2-4x+1$ の最大値または最小値を求めよ．また、関数がその値をとるときの x の値を求めよ．

解：与えられた2次関数は

$$y = -x^2 - 4x + 1$$
$$= -(x^2 + 4x) + 1$$
$$= -(x+2)^2 + 5$$

と変形される．このグラフは $x = -2$ を軸とし，点 $(-2, 5)$ を頂点とする上に凸の放物線である．よって、この関数 y は $x = -2$ の時最大値 5 をとり、最小値はない．

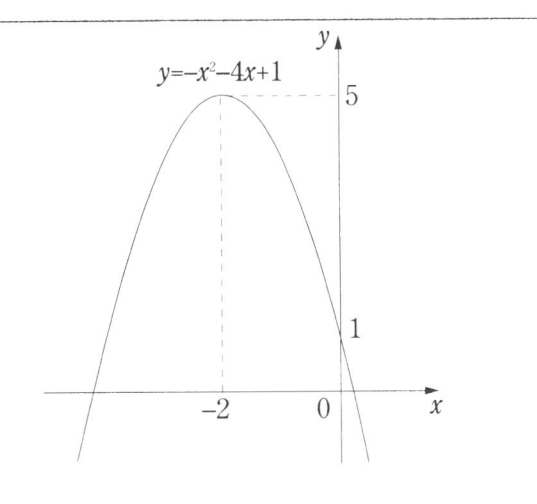

★ ポイント：2次関数の最大・最小の問題のポイントは a である。つまり最大値・最小値の問題では a を見つけることが大事である．

問 2.4、次の 2 次関数の最大値・最小値を求めよ．

(1) $y = x^2 + 2x + 3$

(2) $y = -2x^2 + 4x + 3$

(3) $y = ax^2 - 2ax + 1$

(4) $y = 2x^2 + 8x + 5$

(5) $y = -x^2 + 6x - 5$

(6) $y = ax^2 + 4ax + 3$

例題 2.4 x の値の範囲を $-2 \leq x \leq 3$ とした時の 2 次関数 $y = x^2 - 2x - 2$ の最大値と最小値と求めよ．

解：与えられた2次関数は

$$y = x^2 - 2x - 2$$
$$= (x^2 - 2x + 1 - 1) - 2$$
$$= (x-1)^2 - 3$$

と変形される．この関係を
$$-2 \leq x \leq 3$$
の範囲で考えると、グラフの図のような放物線の実線部分となる．
よって、この関数 y は $x = -2$ の時最大値 6 、$x = 1$ の時最小値 -3 をとる．

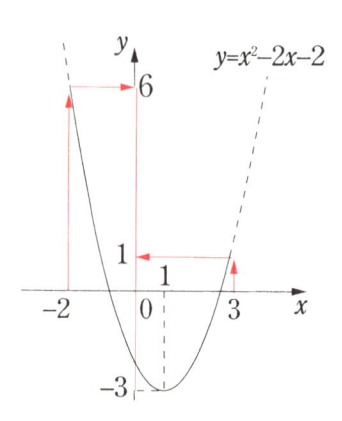

問 2.5、次の2次関数の[ ]で示された区間における最大値、最小値を求めよ．

(1) $f(x) = 2x^2 + 6x + 2$　　$[0 \leq x \leq 1]$

(2) $f(x) = -x^2 + 4x + 5$　　$[-1 \leq x \leq 3]$

(3) $f(x) = 2x^2 + 2x + 3$　　$[1 \leq x \leq 6]$

(4) $f(x) = -x^2 + 2x + 3$　　$[1 \leq x \leq 2]$

III、最大・最小問題に良く使われる公式

（1）相加平均≧相乗平均 $\left(\dfrac{a+b}{2} \geq \sqrt{ab}\right)$

証明：

$$(\sqrt{a} - \sqrt{b})^2 \geq 0$$
$$\Rightarrow a - 2\sqrt{ab} + b \geq 0$$
$$\Rightarrow a + b \geq 2\sqrt{ab}$$
$$\Rightarrow \frac{a+b}{2} \geq \sqrt{ab}$$

（2）(実数)$^2 \geq 0$

（3）$\left| a + \dfrac{1}{a} \right| \geq 2$

　　証明：
$$a \geq 0 \Rightarrow a + \frac{1}{a} \geq 2$$
$$a \leq 0 \Rightarrow -a + \frac{1}{-a} \geq 2$$

（4）$(a^2 + b^2)(x^2 + y^2) \geq (ax + by)^2 \ (a, b, x, y：実数)$

(コーシー・シュワルツの不等式)

2. 2次方程式(Quadratic Equation)
<ruby>2次<rt>にじ</rt></ruby><ruby>方程式<rt>ほうていしき</rt></ruby>

Ⅰ．x軸との共有点

　　2次関数　$y = ax^2 + bx + c$　のグラフとx軸との共有点の座標は、方程式 $ax^2 + bx + c = 0$　の解をα、βとすると、$(\alpha, 0)$、$(\beta, 0)$である．

Ⅱ．2次方程式 $ax^2 + bx + c = 0 (a \neq 0)$ の解法
　(1)左辺を因数分解して、$a(x-\alpha)(x-\beta) = 0$ より、$x = \alpha, \beta$
　(2)解の公式の利用、$x = \dfrac{-b \pm \sqrt{b^2 - 4ac}}{2a}$

例題2.5　2次関数 $y = x^2 + x - 1$ のグラフとx軸との共有点のx座標を求めよ．

解：共有点のx座標を求めることは、
2次方程式
$$x^2 + x - 1 = 0$$
を解けばよい．従って、
$$x = \dfrac{-1 \pm \sqrt{1^2 - 4 \cdot 1 \cdot (-1)}}{2 \cdot 1}$$
$$= \dfrac{-1 \pm \sqrt{5}}{2}$$

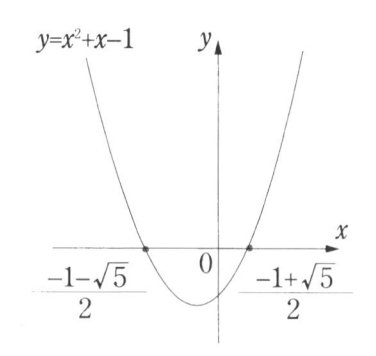

問2.6、次の2次関数のグラフとx軸の共有点のx座標を求めよ．

(1)　$y = x^2 + 6x + 5$

(2)　$y = 2x^2 + 3x - 3$

(3)　$y = x^2 + 2x + 1$

Ⅲ．2次方程式の判別式(Descriminant)

　　$ax^2 + bx + c = 0 (a、b、c：実数、a \neq 0)$の解の個数は$b^2 - 4ac$の符号を調べればわかる。この$b^2 - 4ac$という式をDで表し、$ax^2 + bx + c = 0$の判別式と呼ぶ．

（1）$D > 0 \Leftrightarrow$ 相異なる2つの実数解を持つ．

（2）$D = 0 \Leftrightarrow$ 実数の重解$\left(-\dfrac{b}{2a}\right)$を持つ．

（3）$D < 0 \Leftrightarrow$ 実数解なし(2つの共役な虚数解を持つ)．

コメント：
2次函数的解和2次方程式联系在一起．2次函数与x轴的交点就是对应2次方程的两个根。根据D判别式可以判断出交点的情况．

2차함수의 근은 2차방정식의 풀이로 전환하면 쉽게 된다. 2차 함수와 X 축과의 교점이 바로 대응한 2차 방정식의 근이다. D 판별식으로부터 교점의 상황을 알 수가 있다.

The solution to 2-degree function is related to 2-degree equation. The two crossing points of 2 degree function and x axis are the roots of 2 degree equation. Based on D discriminate, we will find out about the crossing point.

例題2.6　2次関数$y = x^2 - 4x + k$のグラフとx軸との共有点の個数は、kの値によってどのように変わるか．

解：$(-4)^2 - 4 \cdot 1 \cdot k = 16 - 4k$　　……①

である．

①> 0すなわち$k < 4$の時、グラフとx軸は2点で交わる．

①$= 0$すなわち$k = 4$の時、グラフとx軸は1点で交わる．

①< 0すなわち$k > 4$の時、グラフとx軸は共有点を持たない．

〈答〉 $\begin{cases} k < 4 & \text{の時} \quad 2個 \\ k = 4 & \text{の時} \quad 1個 \\ k > 4 & \text{の時} \quad \text{なし} \end{cases}$

問 2.7、次の 2 次関数のグラフと解と係数との関係 x 軸との共有点の個数を求めよ. また、共有点あれば、その座標を求めよ.

(1) $y = x^2 - 4x - 3$

(2) $y = 4x^2 - 4x + 1$

(3) $y = 3x^2 + 2x + 6$

IV. 2次方程式の解(Solution)と係数(Coefficient)の関係

（1） $ax^2 + bx + c = 0$ の解を α、β とすると

　　（イ） $\alpha + \beta = -\dfrac{b}{a}$、$\alpha\beta = \dfrac{c}{a}$

　　（ロ） $ax^2 + bx + c = a(x - \alpha)(x - \beta)$

（2）2 数 α、β を解とする 2 次方程式は $a\{x^2 - (\alpha + \beta)x + \alpha\beta\} = 0 \, (a \neq 0)$

V．解と実数との大小関係

2 次方程式 $f(x) = ax^2 + bx + c = 0$ の解を α、β とし、判別式を D とすると

（1）2つとも正数解 $\Leftrightarrow D \geq 0$、$\alpha + \beta > 0$、$\alpha\beta > 0$

（2）2つとも負数解 $\Leftrightarrow D \geq 0$、$\alpha + \beta < 0$、$\alpha\beta > 0$

（3）整数解と負数解 $\Leftrightarrow \alpha\beta < 0$

（4）$a > 0$、$\alpha < k < \beta \Leftrightarrow f(k) < 0$

VI．3次以上の(高次)方程式(Equation of Higher Order)の解法

（1）因数分解、因数定理を利用して解く.

（2）置き換えて、2 次方程式の解法に従う.

注：有理数係数の 2 次方程式、高次方程式が、$p + q\sqrt{m}$（p、q：有理数、$\sqrt{m}$：無理数)を解に持てば、$p - q\sqrt{m}$ もまた解の 1 つである.

また、$p+qi$(p、q：実数)を解に持てば、その共役複素数$p-qi$もまた解の1つである．

3. 2次不等式(Quadratic Inequality)

I、2次不等式 $ax^2+bx+c>0 (a \neq 0)$ の解法

(1) $D=b^2-4ac>0$ の時、(左辺を因数分解する $(\alpha < \beta)$)

　　(イ) $(x-\alpha)(x-\beta)>0 \Leftrightarrow x<\alpha 、 \beta<x$
　　(ロ) $(x-\alpha)(x-\beta)<0 \Leftrightarrow \alpha<x<\beta$

(2) $D=0$ の時、$ax^2+bx+c=a(x-\alpha)^2$

　　(イ) $a>0$ であれば、$x<\alpha 、 \alpha<x$ (または $x \neq \alpha$)
　　(ロ) $a<0$ であれば、解なし

(3) $D<0$ の時

　　(イ) $a>0$ であれば、解は全ての実数
　　(ロ) $a<0$ であれば、解は存在しない

例題2.7　次の2次不等式を解け.

(1) $-x^2-x+2>0$　　(2) $-x^2-2x+15 \leq 0$

解: (1)　$-x^2-x+2>0$ の両辺に -1 を掛けて
$$x^2+x-2<0$$
一方、2次方程式
$$x^2+x-2=0$$

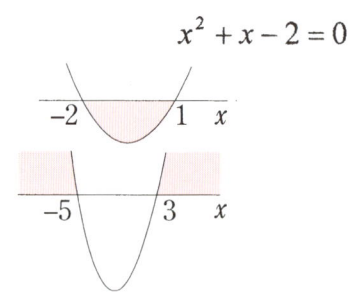

を解くと、$x=-2,1$ 従って、求める解は $-2<x<1$.

(2)　$-x^2-2x+15 \leq 0$
の両辺に -1 を掛けて

$x^2 + 2x - 15 \geq 0$

一方、2次方程式

$x^2 + 2x - 15 = 0$

を解くと、$x = -5, 3$．

従って、求める解は $x \leq -5, \quad 3 \leq x$．

問 2.8、次の不等式を解け．

(1) $x^2 - 2x - 3 \leq 0$

(2) $x^2 + 4x - 5 > 0$

(3) $-x^2 + 2x - 3 < 0$

(4) $x^2 + 2x + 7 < 0$

(5) $x^2 - 3x - 10 \leq 0$

(6) $x^2 + 6x - 1 \geq 0$

II、絶対不等式

(1) $D < 0$、$a > 0 \Leftrightarrow ax^2 + bx + c > 0$ が常に成立

(2) $D < 0$、$a < 0 \Leftrightarrow ax^2 + bx + c < 0$ が常に成立

(3) $(a^2 + b^2)(x^2 + y^2) \geq (ax + by)^2$ $(a, b, x, y:$ 実数$)$

(コーシー・シュワルツの不等式)

章末練習

練習 A

1. $f(x) = 2x^2 + x - 4$ に対して、次の値を求めよ．
   (1) $f(1)$
   (2) $f(-3)$
   (3) $f\left(\dfrac{3}{2}\right)$
   (4) $f\left(-\dfrac{1}{2}\right)$
   (5) $f(a)$
   (6) $f(a-2)$

2. 次の関数の値域を求めよ．
   (1) $y = 3x \quad (-1 \leq x \leq 3)$
   (2) $y = -5x + 1 \quad (2 \leq x \leq 7)$
   (3) $y = x^2 \quad (-3 \leq x \leq 0)$
   (4) $y = -\dfrac{1}{2}x^2 \quad (-2 \leq x \leq 1)$

3. 次の関数の最大値と最小値を求めよ．
   (1) $y = 2x \quad (-1 \leq x \leq 2)$
   (2) $y = -3x + 1 \quad (2 \leq x \leq 5)$
   (3) $y = -\dfrac{1}{2}x \quad (-4 \leq x \leq 1)$
   (4) $y = -\dfrac{5}{2}x + 1 \quad (5 \leq x \leq 7)$

4. 次の2次関数のグラフを書け．
   (1) $y = 2x^2$
   (2) $y = -2x^2$
   (3) $y = \dfrac{1}{2}x^2$
   (4) $y = 2x^2 + 1$
   (5) $y = 2x^2 - 4x + 3$
   (6) $y = -\dfrac{3}{2}x^2 + x - \dfrac{3}{2}$

5. 次の2次関数のグラフの軸と頂点を求め、そのグラフを書け．
   (1) $y = 3(x-2)^2$
   (2) $y = -\dfrac{1}{3}(x+4)^2$
   (3) $y = 2(x+1)^2 + 5$
   (4) $y = -\dfrac{1}{2}(x-7)^2 - \dfrac{3}{5}$

(5) $y = -2x^2 + 3x - 1$ (6) $y = \dfrac{1}{3}x^2 + 2x$

6. 2次関数 $y = x^2$ のグラフを平行移動して、頂点を次の点に移したとき、それをグラフとする2次関数を求めよ.

   (1) $(1, 1)$ (2) $(5, -3)$ (3) $(-2, 7)$ (4) $(-3, -4)$

7. 次の2次関数を $y = a(x-p)^2 + q$ の形に変形せよ.

   (1) $y = x^2 + 4x + 5$ (2) $y = 2x^2 - 3x + 2$
   (3) $y = \dfrac{1}{3}x^2 - x + 1$ (4) $y = -\dfrac{1}{2}x^2 + 4x - 7$

8. 次の条件を満たす2次関数を求めよ.
   (1) 頂点が $(1, 1)$、原点を通る.
   (2) 頂点が $(-1, 4)$、点 $(1, 6)$ を通る.
   (3) 頂点の x 座標は3で、2点 $(1, 8)$、$(2, 5)$ を通る.
   (4) 頂点の y 座標は4で、2点 $(1, 8)$、$(2, 5)$ を通る.

9. 次の連立方程式を求めよ.

   (1) $\begin{cases} x+y+z=4 \\ x-y+z=2 \\ z=0 \end{cases}$ (2) $\begin{cases} 9x+3y+z=0 \\ x+y+z=-10 \\ 4x-2y+z=5 \end{cases}$

   (3) $\begin{cases} x+y+z=6 \\ 4x+2y+z=11 \\ x-y+z=2 \end{cases}$ (4) $\begin{cases} x+y+z=1 \\ 4x-2y+z=-17 \\ 9x+3y+z=-7 \end{cases}$

10. 次の3点を通るような2次関数を求めよ.
    (1) $(0, 5)$ $(1, 0)$ $(3, -4)$
    (2) $(0, -13)$ $(2, -5)$ $(4, -5)$
    (3) $(0, 0)$ $(-1, 3)$ $(1, -1)$
    (4) $(0, -3)$ $\left(\dfrac{1}{2}, -\dfrac{3}{2}\right)$ $\left(-\dfrac{1}{2}, -\dfrac{11}{2}\right)$

11. 次の2次関数の最大値または最小値を求めよ．また、そのときの x の値を求めよ．

(1) $y = (x-3)^2 + 2$

(2) $y = -\left(x + \dfrac{1}{2}\right)^2 - \dfrac{3}{2}$

(3) $y = 4x^2 - x + 3$

(4) $y = -3x^2 - 3 + 3$

(5) $y = \dfrac{3}{2}x^2 - x + \dfrac{7}{2}$

(6) $y = -\dfrac{1}{3}x^2 + 2x - 4$

12. 次の関数について、( )内に示した定義域における最大値と最小値を求めよ．また、そのときの x の値を求めよ．

(1) $y = x^2 - 4x + 5 \quad (0 \leq x \leq 3)$

(2) $y = -3x^2 - 12x + 7 \quad (-2 \leq x \leq 1)$

(3) $y = \dfrac{1}{3}x^2 - 2x + 5 \quad (-2 \leq x \leq 2)$

(4) $y = -\dfrac{1}{2}x^2 + x + \dfrac{5}{2} \quad (-3 \leq x \leq 1)$

13. 2次関数 $y = -2x^2 + 8x + a \, (1 \leq x \leq 5)$ の最小値が -7 であるとき、定数 a の値を求めよ．また、このときの最大値と最大値を取るときの x の値を求めよ．

14. 次の2次関数のグラフと x 軸との共有点の個数を求めよ．

(1) $y = x^2 + x + 1$

(2) $y = -x^2 - 2x - 1$

(3) $y = 3x^2 - x + 4$

(4) $y = -4x^2 - 3 - 7$

(5) $y = \dfrac{1}{2}x^2 - 2x + 2$

(6) $y = -\dfrac{1}{3}x^2 - 2x + 1$

15. 次の2次関数のグラフと x 軸との共有点の個数は、a の値によってどのように変わるか調べよ．

(1) $y = x^2 + 4x + 5 - a$

(2) $y = \dfrac{1}{2}x^2 - 3x - 1 + a$

(3) $y = -\dfrac{1}{2}x^2 + \dfrac{3}{2}x + 2a$

(4) $y = \dfrac{1}{3}x^2 - 2x + \dfrac{4}{3}a$

16. 次の2次関数のグラフと x 軸との共有点の x 座標を求めよ.

(1) $y = x^2 + 2x$　　　　　　　(2) $y = -2x^2 + 8$

(3) $y = 3x^2 + 3x - 2$　　　　(4) $y = -3x^2 + 5x + 3$

(5) $y = x^2 - 7x + 9$　　　　 (6) $y = 3x^2 - 9x + 5$

(7) $y = 2x^2 - 6x + 3$　　　　(8) $y = 3x^2 + 4x - 5$

17. 次の2次方程式の解の個数を求めよ.

(1) $x^2 - x - 1 = 0$　　　　　(2) $2x^2 + 3x - 7 = 0$

(3) $\dfrac{1}{3}x^2 - 3x + \dfrac{3}{2} = 0$　　　(4) $-\dfrac{3}{2}x^2 + x - \dfrac{1}{2} = 0$

18. 次の2次不等式を解け.

(1) $x^2 - 4x - 2 \geq 0$　　　　(2) $x^2 - 64 < 0$

(3) $(x+5)(x-3) \geq 0$　　　　(4) $(x+5)(x+2) \leq 0$

(5) $x^2 - 4x + 4 > 0$　　　　 (6) $x^2 + 6x + 9 < 0$

(7) $x^2 - 6x + 11 \geq 0$　　　(8) $x^2 - 7x + 15 \leq 0$

(9) $\dfrac{1}{3}x^2 - x - \dfrac{19}{6} \leq \dfrac{1}{2}x^2 - \dfrac{8}{3}x + 1$

19. 次の2次不等式の解がすべての数となるように、定数 k の値の範囲を定めよ.

(1) $-x^2 + 6x + k < 0$　　　　(2) $\dfrac{3}{4}x^2 - \dfrac{5}{4}x + k > 0$

20. 次の連立不等式を解け.

(1) $\begin{cases} 2x + 6 \geq 0 \\ x^2 + 2x - 3 \leq 0 \end{cases}$　　　　(2) $\begin{cases} x^2 - 3x + 2 \geq 0 \\ x^2 - 4x - 12 < 0 \end{cases}$

21. 次の2次方程式が異なる2つの解を持つような定数 k の値の範囲を求めよ.

(1) $x^2 - (k+2)x + 2k = 0$　　(2) $\dfrac{1}{2}x^2 + \dfrac{3}{2}kx - \dfrac{5}{2} + k = 0$

練習 B

1. $f(x) = ax^2 + bx - 6$ が $f(2) = -8$、$f(-1) = -11$ を満たす．このとき、定数 a、b の値を求めよ．

2. $f(x) = \dfrac{1}{2}x^2 - \dfrac{3}{2}x + 2$ に対して、次の値を求めよ．

    (1) $f(a+2) - f(a)$ 　　　　　　　(2) $f(a+h) - f(a)$

3. 1次関数 $y = ax + b\,(-1 \leq x \leq 1)$ の最大値が 5、最小値が 2 のとき、定数 a、b の値を求めよ．

4. 次の2次関数のグラフは、$y = \dfrac{1}{2}x^2$ のグラフをどのように平行移動したものか．

    (1) $y = \dfrac{1}{2}x^2 - 4$ 　　　　　　　(2) $y = \dfrac{1}{2}(x+1)^2$

    (3) $y = \dfrac{1}{2}(x-3)^2 + 2$ 　　　　　(4) $y = \dfrac{1}{2}(x+1)^2 - 2$

5. 次の放物線の頂点の座標を求めよ．

    (1) $y = x^2 - 4ax + 1$ 　　　　　　(2) $y = -x^2 + ax - 2$

    (3) $y = \dfrac{1}{2}x^2 + ax$ 　　　　　　(4) $y = ax^2 - 2ax - 5$

6. 放物線 $y = -2x^2 + ax - 3$ と放物線 $y = x^2 - bx$ が同じ頂点を持つとき、定数 a、b の値を求めよ．

7. 次の条件を満たすような、定数 a、b の値を求めよ．

    (1) 放物線 $y = 2x^2 + ax + b$ が、2点 $(0, -4)$、$(1, 1)$ を通る．

    (2) 放物線 $y = ax^2 + x + b$ が、2点 $(-1, -2)$、$\left(\dfrac{1}{2}, -\dfrac{7}{8}\right)$ を通る．

    (3) 放物線 $y = x^2 + ax + b$ の頂点が $(2, -3)$ である．

    (4) 放物線 $y = -x^2 + ax + b$ の軸の方程式が $x = 4$ で、点 $(0, -10)$ を通る．

8. 次の条件を満たす2次関数を求めよ．

    (1) 頂点が x 軸にあり、2点 $(-1, 4)$、$(3, 4)$ を通る．

(2) x^2の係数が-2、頂点のy座標が5で、点$(0, -13)$を通る.

(3) $y = 2x^2$のグラフを平行移動したもので、2点$(-1, 0)$、$(0, 6)$を通る.

(4) 軸が直線$x = 3$で、点$(1, 3)$を通り、頂点は直線$y = 2x + 1$上にある.

(5) 3点$(0, 1)$ $\left(\dfrac{1}{2}, \dfrac{11}{8}\right)$ $\left(-\dfrac{1}{2}, \dfrac{3}{8}\right)$

9. 次の2次関数のグラフをx軸方向に3、y軸方向に-2だけ平行移動したものをグラフとする2次関数を求めよ.

(1) $y = 2x^2 - 5$ 　　　　　　　(2) $y = -\dfrac{1}{2}x^2 - x$

(3) $y = x^2 - x - 1$ 　　　　　　(4) $y = \dfrac{1}{3}x^2 + \dfrac{5}{3}x - 2$

10. 放物線$y = 2x^2 - 3x + 1$のグラフをx軸方向にa、y軸方向にbだけ平行移動して得られるグラフが2点$(0, 24)$、$(2, 2)$を通るとき、定数a、bの値を求めよ.

11. 次の関数のグラフをx軸、y軸、原点に関してそれぞれ対象移動したグラフを持つ関数を求めよ.

(1) $y = -2x^2 + 2x - 1$ 　　　　(2) $y = x^2 - 3x + 5$

(3) $y = -(x-3)^3 + 2$ 　　　　　(4) $y = \dfrac{3}{2}x^2 - x + \dfrac{1}{2}$

12. 次の2次関数について、( )内に示した定義域における最大値と最小値を求めよ.

(1) $y = -\dfrac{1}{2}x^2 + \dfrac{3}{2}x + 1$ 　$(-1 \leq x \leq 0)$

(2) $y = x^2 - 6x + 3$ 　$(0 \leq x \leq 4)$

(3) $y = -x^2 + 2x + 4$ 　$(2 \leq x \leq 4)$

(4) $y = \dfrac{1}{3}x^2 - 2x + \dfrac{4}{3}$ 　$(3 \leq x \leq 7)$

13. 次の条件を満たす2次関数$f(x)$を求めよ.

(1) $x = \dfrac{1}{2}$のとき、最大値4をとり、$f(0) = \dfrac{19}{4}$である.

(2) $f(-1) = -1$、$f(3) = -1$で、最小値が-3である.

14. 2次関数 $f(x) = x^2 - 4x + 5$ について、定義域 $0 \leq x \leq a$ における最大値と最小値を求めよ.

15. 次の2次関数のグラフとx軸との共有点の個数は、定数aの値によってどのように変わるか調べよ.
   (1) $y = -x^2 + kx - k$
   (2) $y = x^2 + 2(k-3)x - k^2$
   (3) $y = x^2 + 2(k+1)x + k^2 + \dfrac{5}{2}k - \dfrac{1}{2}$

16. 次の2次関数のグラフの頂点の座標、x軸、y軸との共有点の座標を求め、そのグラフを書け.
   (1) $y = x^2 - x - 2$
   (2) $y = x^2 - \dfrac{4}{3}x + \dfrac{4}{9}$
   (3) $y = -\dfrac{1}{2}x^2 + x + 1$
   (4) $y = \sqrt{2}x^2 - 3x + \sqrt{2}$

17. 次の2次方程式を解け.
   (1) $2x^2 - 5x + 2 = 0$
   (2) $3x^2 + 5x - 2 = 0$
   (3) $(x-1)^2 - 3(x-1) - 4 = 0$
   (4) $x^2 + \dfrac{2}{3}x - \dfrac{3}{2} = 0$

18. 次の2つの関数のグラフの共有点の座標を求めよ.
   (1) $y = x^2 - 2x$, $y = x - 2$
   (2) $y = x^2 + 3x + 3$, $y = x + 2$

19. 次の2つの関数のグラフの共有点の個数は定数kの値によってどのように変わるか.
   (1) $y = x^2$, $y = 2x + k$
   (2) $y = x^2 - 2x$, $y = 2x + k$

20. 次の2次不等式を解け.
   (1) $-4x^2 + 10x - 1 \geq 4x + 2$
   (2) $(-2x+1)(x-2) \leq -1$
   (3) $(x-2)^2 < (2x-3)^2$
   (4) $(2x+1)(x+2) \geq (x+4)(x-1)$

21. 2次不等式 $x^2 - kx + k + 3 > 0$ の解がすべての数となるように、定数 k の値の範囲を定めよ.

22. 次の不等式が与えられた解を持つように、定数 a、b の値を定めよ.
   (1) $ax^2 + bx + 6 > 0$ の解が $-2 < x < 3$ である.
   (2) $ax^2 + 2x + b \leq 0$ の解が $-3 \leq x \leq 1$ である.

23. 次の不等式を解け. ただし、k は定数とする.
   (1) $x^2 - 2kx + 6 + k > 0$　　　(2) $2x^2 + (4-k)x - 2k > 0$

24. 次の条件を満たす定数 k の値の範囲を求めよ.
   (1) 2次方程式 $x^2 + kx - 4 + k = 0$ の2つの解が正の数と負の数である.
   (2) 2次方程式 $x^2 - 2x + k + 3 = 0$ の異なる2つの解がともに正の数である.

練習 C

1. 2次関数 $f(x)$、$g(x)$ および実数 k が次の条件をすべて満たしている.
   (A) $f(x)$ は $x = k$ で最大値を取る.
   (B) $f(k) = 13$, $f(-k) = -23$, $g(k) = 49$, $g(-k) = 7$
   (C) $f(x) + g(x) = 2x^2 + 13x + 5$
   $f(x)$、$g(x)$ と k を求めよ.

   [01 同志社大]

2. 2つの放物線 $C_1 : y = x - x^2$, $C_2 : y = a(x+1)^2$ について、次の問に答えよ. ただし、a は正の数とする.
   (1) C_1 と C_2 がただ1つの共有点を持つとき、a の値を求めよ.
   (2) (1)のときの共有点を P とする. 点 P における C_1 と C_2 の共通の接線の方程式を求めよ.

   [99 大阪電通大]

3. 2つの2次関数 $y = x^2 - mx + 4$ と $y = x^2 - 6x + m$ のグラフがともに x 軸と異なる2点で交わるような定数 m の値の範囲を求めよ. また、この m の範囲内で、2つのグラフが互いに交わるとき、交点の x 座標が負を取るような m の値の範囲を求めよ.

   [99 西南学院大]

4. 2次関数 $y = x^2 + ax + b$ が、$0 \leq x \leq 3$ の範囲で最大値1をとり、$0 \leq x \leq 6$ の範囲で最大値9をとるとき、a、b の値を求めよ.

   [98 福岡大]

5. 2次関数 $y = x^2 + ax + b$ において、x の任意の値に対する y の最小値は4である. このとき、$-\dfrac{1}{2} \leq x \leq \dfrac{1}{2}$ の範囲で y の最小値が6になるための a の値を求めよ.

   [99 四日市大]

6. 放物線 $y = x^2 + ax + b$ が点 $(1, 1)$ を通り、直線 $y = 2x - 3$ に接するときの定数 a、b の値を求めよ. ただし、$a > 0$ とする.

   [99 創価大]

7. xy 平面上において、放物線 $y = -3x^2$ を平行移動して、頂点を直線 $x = 3$ 上に移し、かつ x 軸と2点 A、B で交わって、$AB = 1$ であるようにするとき、得られる放物線の方程式を求めよ.

[99 愛知工大]

8. 実数 x、y が $x + y = 1$ および $x \geq 0, y \geq 0$ を満たすとき、xy および $x^2y^2 + x^2 + y^2 + xy$ の最大値と最小値を求めよ.

[97 同志社大]

9. x の関数 $y = x^4 - 4x^3 + 8x - 2$ が与えられている.
   (1) $t = x^2 - 2x$ とおくとき、y を t の式で表せ.
   (2) $0 \leq x \leq 3$ における y の最大値と最小値、およびそのときの x の値を求めよ.

[00 北海学園大]

10. 実数 x は $1 < x < 4$ かつ $x \neq 2, 3$ とする. このとき
$$\frac{2}{(x-1)(2-x)} + \frac{2}{(x-2)(3-x)} + \frac{2}{(x-3)(4-x)}$$
の最小値を求めよ.

[95 早稲田大]

11. 2つの2次方程式 $x^2 - (m-5)x + 2 = 0$, $x^2 - 2x + 5 - m = 0$ の一方が実数解を持ち、他方が実数解を持たないように、正の整数 m を定めたい. このような m は全部で何個あるか.

[98 防衛医大]

12. 実数 p, q を係数とする2次方程式 $x^2 + px + q = 0$ は2つの異なる実数解 α, β を持つ. このとき、$\alpha + 1$, $\beta + 1$ が2次方程式 $x^2 - 3p^2x - 2pq = 0$ の解となるように p, q の値を定めよ.

[99 龍谷大]

13. 2次方程式 $mx^2 - x - 2 = 0$ の2つの実数解が、それぞれ以下のようになるための m の条件を求めよ.
   (1) 2つの解がともに -1 より大きい.
   (2) 1つの解は1より大きく、他の解は1より小さい.
   (3) 2つの解の絶対値がともに1より小さい.

[98 岐阜大]

14. 不等式 $x^2+2ax+1\leq 0$ …①, $2x^2+7x-4\leq 0$ …② について、不等式①の解が常に存在するとする．このとき、不等式①を満たす x がすべて不等式②を満たすような a の値の範囲を求めよ． [00 東洋大]

15. 区間 $0\leq x\leq 1$ で定義された関数 $f(x)=ax(1-x)\,(2\leq a\leq 4)$ について
 (1) $f(x)$ の値域を求めよ．
 (2) $f(f(x))$ の値域を求めよ． [96 同志社大]

第3章

指数関数
対数関数

1. 指数関数(Exponential Function)

Ⅰ、指数関数 $y = a^x (a > 0, a \neq 1)$ の性質

① 定義域は実数全体、値域は正の数の全体
② 常に点$(0, 1)$を通り、x軸を漸近線にもつ
③ $a > 1$のときは単調に増加し、$0 < a < 1$のときは単調に減少する。

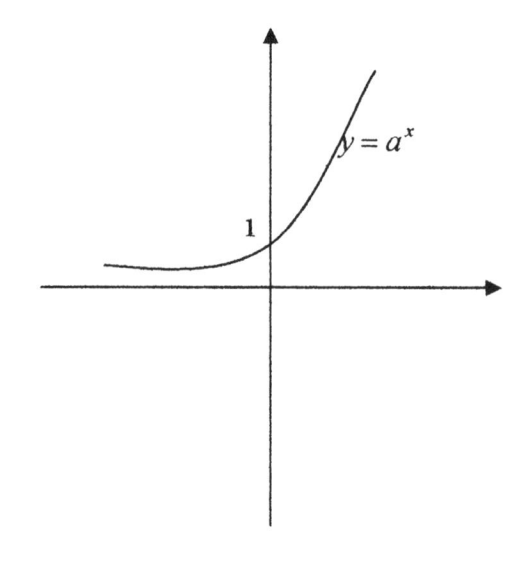

指数関数の図：
① $a > 1$

$0 < a < 1$

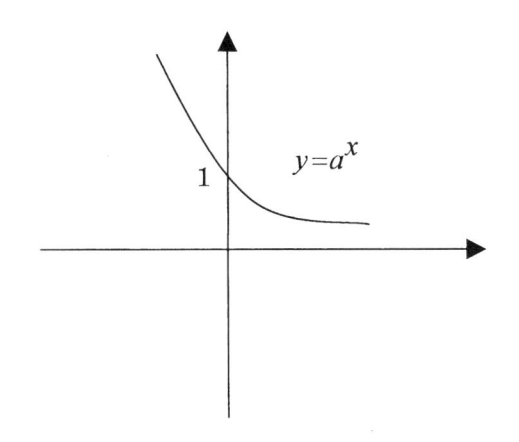

II、指数の計算

（1）指数の拡張（$a > 0$、m、n：整数）

$$a^0 = 1、\quad a^{-n} = \frac{1}{a^n}、\quad a^{\frac{m}{n}} = \sqrt[n]{a^m} = \left(\sqrt[n]{a}\right)^m$$

例題 3.1　次の式を計算せよ．

（1）3^0　　　　（2）5^{-3}　　　　（3）$27^{\frac{1}{3}}$

解：

(1)　$3^0 = 1$

(2)　$5^{-3} = \dfrac{1}{5^3} = \dfrac{1}{125}$

(3)　$27^{\frac{1}{3}} = \sqrt[3]{27} = \sqrt[3]{3^3} = 3$

問題 3.1、次の式を計算せよ．

(1)　$243^{\frac{1}{5}}$　　　　　　　　　　(2)　$5832^{\frac{1}{3}}$

(3)　$(-2)^{\frac{8}{4}}$　　　　　　　　　　(4)　$(-3)^{\frac{15}{5}}$

（2）指数法則（$a > 0$、$b > 0$、m、n：実数）

$$a^m \cdot a^n = a^{m+n} 、 (a^m)^n = a^{mn} 、 (ab)^m = a^m b^m$$

例題3.2 次の式を計算せよ．

(1) $5^{-3} \times 5^2$ (2) $(a^2 b^{-3})^2$

(1) $5^{-3} \times 5^2 = 5^{-3+2} = 5^{-1} = \dfrac{1}{5}$

(2) $(a^2 b^{-3})^2 = (a^2)^2 (b^{-3})^2 = a^{2\times 2} b^{(-3)\times 2} = a^4 b^{-6} = \dfrac{a^4}{b^6}$

問題3.2、次の式を計算せよ．

(1) $((a^{\frac{1}{2}})^{\frac{1}{3}})^{\frac{1}{4}}$ (2) $8^{\frac{1}{8}} \times 729^{\frac{1}{3}} \div 27^{\frac{1}{3}} \times 16^{\frac{2}{3}}$

(3) $\left(a^2 b^{-3} c^{\frac{1}{3}}\right)^3$ (4) $27^{\frac{1}{3}} \times 81^{\frac{1}{4}} \times 3^{-2}$

III、指数関数

(1) 定義域：（実数）、値域：（正の数）

(2) $a > 1$ の時、単調増加

(3) $0 < a < 1$ の時、単調減少

例題3.3 $\sqrt[4]{3^3}, \sqrt[3]{3^2}, \sqrt{3}$ を、小さい方から順に並べよ．

解： $\sqrt[4]{3^3} = 3^{\frac{3}{4}}, \quad \sqrt[3]{3^2} = 3^{\frac{2}{3}}, \quad \sqrt{3} = 3^{\frac{1}{2}}$

ここで、底3は1より大きく、$\dfrac{1}{2} < \dfrac{2}{3} < \dfrac{3}{4}$ であるから、$3^{\frac{1}{2}} < 3^{\frac{2}{3}} < 3^{\frac{3}{4}}$

よって、

$$\sqrt{3} < \sqrt[3]{3^2} < \sqrt[4]{3^3}$$

指数関数・対数関数

問題 3.3、次の各組の数の大小を調べよ．

（1） $5^{\frac{1}{2}}$　　　$5^{\frac{1}{3}}$　　　$5^{\frac{1}{4}}$

（2） $\left(\dfrac{1}{2}\right)^2$　　　$\left(\dfrac{1}{2}\right)^3$　　　$\left(\dfrac{1}{2}\right)^4$

2．対数関数(logarithmic Function)

$a > 0$、$a \neq 1$のとき、正の数Mに対して

$$M = a^m \Leftrightarrow m = \log_a M$$

aを底とするMの対数といい、Mを対数の真数(Ante-logareithem)という．ただし、$M > 0$

Ⅰ、対数関数の性質

（1）定義：$y = \log_a x \Leftrightarrow x = a^y$

（2）演算公式：

$$\log_a 1 = 0$$
$$\log_a a = 1$$
$$\log_a xy = \log_a x + \log_a y$$
$$\log_a \frac{x}{y} = \log_a x - \log_a y$$
$$\log_a x^n = n \log_a x$$

対数関数の図：

① $a > 1$

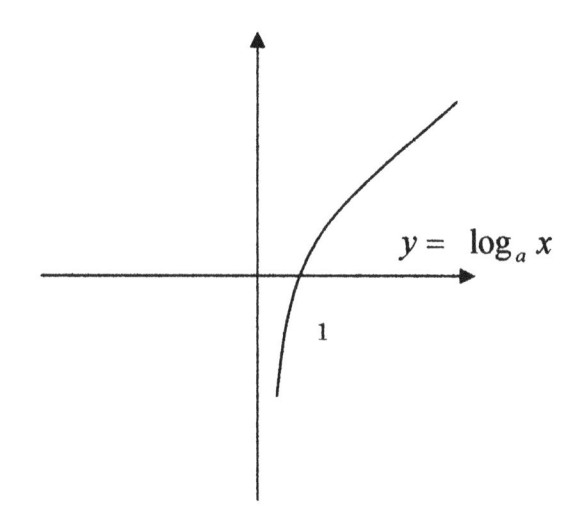

$y = \log_a x$

② $0 < a < 1$

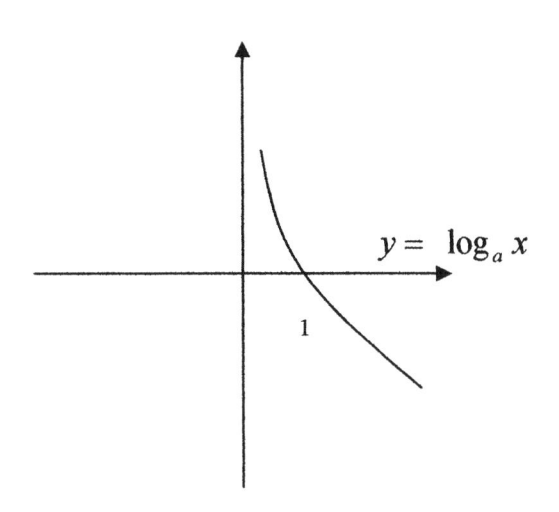

$y = \log_a x$

II、底(Base)の変換

$$\log_a x = \frac{\log_b x}{\log_b a}$$

例題 3.4　$\log_6 3 + \log_6 12$ と $\log_{16} 8$ を計算せよ．

解：$\log_6 3 + \log_6 12 = \log_6(3 \times 12) = \log_6 36 = \log_6 6^2 = 2\log_6 6 = 2$

$\log_{16} 8 = \dfrac{\log_2 8}{\log_2 16} = \dfrac{\log_2 2^3}{\log_2 2^4} = \dfrac{3\log_2 2}{4\log_2 2} = \dfrac{3}{4}$

問題 3.4、次の値を求めよ．

(1)　$\log_4 8 + 3\log_4 2$　　　　(2)　$\log_4 8 + \log_{\sqrt{2}} 4$

(3)　$9^{0.5 \times \log_3 7}$　　　　(4)　$\log_2 \log_4 \log_3 9$

III、対数関数

（1）定義域：（正の数）、値域：（実数）

（2）$a > 1$ の時、単調増加

（3）$0 < a < 1$ の時、単調減少

例題 3.5　$3 < 4 < 5$ であるから、

$$\log_2 3 < \log_2 4 < \log_2 5、また、\log_{\frac{1}{2}} 3 > \log_{\frac{1}{2}} 4 > \log_{\frac{1}{2}} 5$$

問題 3.5、つぎの各組の数の大小を調べよ．
（1）$\log_3 5$　　　$\log_3 7$　　　$\log_3 9$
（2）$\log_{0.3} 5$　　　$\log_{0.3} 7$　　　$\log_{0.3} 9$

IV、指数関数と対数関数の関係

$y = a^x$ と $y = \log_a x$ のグラフは $y = x$ に関して対称である．

V、桁数と指数・対数関数の関係

（1）$10^n \leq A < 10^{n+1}$（$n : n \geq 0$ の整数）$\Leftrightarrow n \leq \log_{10} A < n+1 \Leftrightarrow A$ の整数部分は $(n+1)$ 桁

（2）$10^{-n} \leq A < 10^{-n+1}$（$n :$ 自然数）$\Leftrightarrow -n \leq \log_{10} A < -n+1 \Leftrightarrow A$ は小数第 n 位に初めて 0 でない数が現れる．

例題 4.6　2^{30} は何桁の数か．但し、$\log_{10} 2 = 0.3010$ とする．

解：$\log_{10} 2^{30} = 30 \log_{10} 2 = 30 \times 0.3010 = 9.030$

よって、　$9 \leq \log_{10} 2^{30} \leq 10$

したがって、2^{30} は 10 桁の数である．

問題 3.6、　次の計算をせよ。
（1）10^8 は何桁の整数か．
（2）2^8 は何桁の整数か．

章末練習

練習A

1．次の式の値を求めよ．
(1) $2^5 \times 2^2$　　　　　　　　(2) $3^4 \div 3^2$

(3) $\left(\dfrac{1}{2}\right)^5 \times \left(\dfrac{1}{2}\right)^6$　　　　(4) $\left(\dfrac{2}{3}\right)^8 \div \left(\dfrac{2}{3}\right)^4$

2．次の計算をせよ．
(1) $a^5 \times a^5$　　　　　　　　(2) $b^8 \div b^6$

(3) $(a^3 b)^4$　　　　　　　　(4) $(b^5)^6$

(5) $a^3 \times a^4 \times a^5$　　　　(6) $a^{10} \div (a^3)^2$

(7) $(ab^3)^2 \times (a^2 b^4)^5$　　(8) $(a^4 b^3)^5 \div (a^2 b)^8$

3．次の値を求めよ．

(1) 4^{-1}　　(2) 99^0　　(3) $(-5)^{-2}$　　(4) $\left(\dfrac{2}{3}\right)^{-2}$

4．次の計算をせよ．
(1) $a^{-2} \times a^{-3}$　　　　　　(2) $a^6 \div a^{-3}$
(3) $a^{-5} \times a^3$　　　　　　(4) $a^{-3} \div a^{-5}$
(5) $(a^{-3})^{-4}$　　　　　　　(6) $(a^{-2})^4$

5．次の値を求めよ．

（1） $\sqrt[3]{-125}$

（2） $\sqrt[3]{-\dfrac{1}{8}}$

（3） $\sqrt[4]{625}$

（4） $\sqrt[5]{243}$

（5） $\sqrt[3]{-1000}$

（6） $-\sqrt[4]{\dfrac{1}{256}}$

6．次の式を簡単にせよ．

（1） $\sqrt[3]{4} \times \sqrt[3]{16}$

（2） $\dfrac{\sqrt[3]{81}}{\sqrt[3]{3}}$

（3） $\sqrt[3]{81} \times \sqrt[3]{3} \div \sqrt[3]{9}$

（4） $\sqrt[3]{8^2}$

（5） $\left(\sqrt[4]{\dfrac{1}{4}}\right)^2$

（6） $32^{\frac{1}{5}}$

（7） $16^{-\frac{1}{2}}$

7．次の計算をせよ．

（1） $\sqrt[3]{a} \times \sqrt[4]{a^3}$

（2） $\sqrt[3]{a^7} \div \sqrt[4]{a^2}$

（3） $\left(\sqrt[3]{a}\right)^2 \div \sqrt[4]{\sqrt[3]{a}}$

（4） $8^{\frac{1}{6}} \times 8^{\frac{1}{2}}$

（5） $\left(25^{-\frac{1}{2}}\right)^3$

（6） $\sqrt[6]{16} \times \sqrt[3]{32^{-1}}$

8．次の各組の数の大小を調べよ．

（1） $\sqrt{3^3}$, $\sqrt[3]{3^4}$, $\sqrt[4]{3^5}$

（2） $0.3^{0.3}$, $0.3^{-\frac{3}{2}}$, 0.3^4

（3） $\sqrt{\dfrac{1}{2}}$, $\sqrt[3]{\dfrac{1}{4}}$, $\sqrt[5]{\dfrac{1}{8}}$

(4) 3^2, $\left(\dfrac{1}{3}\right)^{-3}$, $\sqrt[2]{3^5}$

9．次の等式を満たす x の値を求めよ．
 (1) $2^x = 64$
 (2) $4^x + 2^x = 6$
 (3) $3^{2x} - 9 \cdot 3^x = 0$
 (4) $3^{2x+1} + 5 \cdot 3^x - 2 = 0$

10．次の不等式を満たす x の値の範囲を求めよ．
 (1) $2^{3(x+1)} < 4^x$
 (2) $9^x \geq 3^{x+1}$
 (3) $\left(\dfrac{1}{3}\right)^x \geq 1$
 (4) $\left(\dfrac{1}{9}\right)^x - \left(\dfrac{1}{3}\right)^x < 6$

11．次の等式を $\log_a M = p$ の形に書け．
 (1) $3^2 = 9$
 (2) $10^{-4} = 0.0001$
 (3) $5^{\frac{1}{3}} = \sqrt[3]{5}$
 (4) $64^{\frac{2}{3}} = 16$

12．次の値を求めよ．
 (1) $\log_2 8$
 (2) $\log_{81} 3$
 (3) $\log_3 \sqrt{3}$
 (4) $\log_{\frac{1}{4}} 8$

13．次の等式を満たす x の値を求めよ．
 (1) $\log_9 x = \dfrac{1}{2}$
 (2) $\log_3 x = \dfrac{1}{2}$
 (3) $\log_{\frac{1}{5}}(3x+1) = -2$
 (4) $\log_2(x+3) = 4$
 (5) $\log_3(2x-1) + \log_3(x+1) = 2$
 (6) $\log_2 x + \log_2(4-x) = 2$

14．次の式を簡単にせよ．

(1) $\log_{10} 1000$

(2) $\log_3 \dfrac{1}{\sqrt{81}}$

(3) $\log_{10} \sqrt[4]{0.1}$

(4) $\log_9 \sqrt{27}$

(5) $(\log_2 3)(2\log_3 5)(3\log_5 8)$

(6) $\log_2 12 - \log_4 9$

15．次の式を簡単にせよ．

(1) $\log_3 \dfrac{9}{4} + \log_3 36$

(2) $\log_5 75 - \log_5 3$

(3) $\log_{10} 125 + 2\log_{10} 3\sqrt{2} - 2\log_{10} 15$

(4) $\log_3 \dfrac{9}{4} + \log_3 12$

(5) $\log_3 (4 - \sqrt{7}) + \log_3 (4 + \sqrt{7})$

(6) $\dfrac{\log_7 81}{\log_7 3}$

16．次の不等式を解け．

(1) $\log_3 x \leq 3$

(2) $\log_{\frac{1}{5}} x > -3$

(3) $\log_5 (x+3) < 0$

(4) $\log_{\frac{1}{2}} (x-2) \geq -3$

(5) $\log_2 (x-5) + \log_2 (x-3) \geq 3$

(6) $1 - \log_6 (x+3) \leq \log_6 x$

17．次の各組の数の大小を調べよ．

(1) $\log_5 3, \quad \log_5 5, \quad \log_5 4$

(2) $\log_{\frac{1}{2}} 9, \quad \log_{\frac{1}{2}} 11, \quad \log_{\frac{1}{2}} 7$

(3) $\log_7 1.5, \quad \log_7 \dfrac{7}{5}, \quad \log_7 \sqrt{2}$

(4) $5\log_{\frac{1}{4}} 2, \quad 2\log_{\frac{1}{4}} 5, \quad 3\log_{\frac{1}{4}} 3$

練習 B

1．次の式を計算せよ．

(1) $x^4 \times x \div x^3$

(2) $\left(2^{-7}\right)^4 \times \left(2^{-5}\right)^{-4}$

(3) $\left(5^{-3}\right)^{-5} \times \left(\dfrac{1}{2}\right)^6$

(4) $\left(x^{-1}y^2\right)^2 \times \left(xy^3\right)^2$

(5) $\left(3x^{-6}y\right) \div \left(6x^3y^3\right)$

(6) $\left(x^{-1}y^3\right)^3 \div \left(x^2y^{-3}\right)$

2．次の計算をせよ．

(1) $7^{\frac{2}{3}} \div 7^{\frac{1}{6}} \times 7^{\frac{1}{2}}$

(2) $\left(81^{-\frac{3}{4}}\right)^{\frac{1}{3}}$

(3) $\sqrt{\sqrt[3]{81}}$

(4) $\left(\dfrac{9}{4}\right)^{\frac{3}{2}} \times \left(\dfrac{27}{8}\right)^{-\frac{2}{3}}$

(5) $\left\{\left(\dfrac{25}{16}\right)^{\frac{2}{3}}\right\}^{-\frac{3}{4}}$

(6) $\left(\sqrt{7^3} \times \sqrt{7} \div \sqrt[3]{7}\right)^{-3}$

3．次の式を簡単にせよ．

(1) $\sqrt{a\sqrt{a\sqrt{a}}}$

(2) $\dfrac{\sqrt[4]{a^{-2}}}{\sqrt[3]{a^2}} \times \dfrac{\sqrt[4]{a^5}}{a}$

(3) $\sqrt[4]{a^2b^3} \div \sqrt[12]{a^{-4}b^5} \times \sqrt[6]{ab^4}$

(4) $\left(a^{\frac{1}{3}} - a^{-\frac{1}{3}}\right)^3$

(5) $\left(a^{\frac{5}{2}} - b^{\frac{5}{2}}\right)\left(a^{\frac{5}{2}} + b^{\frac{5}{2}}\right)$

(6) $\left(a^{\frac{5}{3}} - b^{\frac{5}{3}}\right)\left(a^{\frac{10}{3}} + a^{\frac{5}{3}}b^{\frac{5}{3}} + b^{\frac{10}{3}}\right)$

4．$a^{2x} = 3$ のとき、次の値を求めよ．

　（1）$\left(a^x + a^{-x}\right)^2$ 　　　　　　　　　　（2）$\dfrac{a^{3x} + a^{-3x}}{a^x + a^{-x}}$

5．$a > 0$ とすると、次の問に答えよ．

　（1）$a^{2x} = 3$ のとき、$\dfrac{a^{2x} + a^{-2x}}{a^x + a^{-x}}$ の値を求めよ．

　（2）$\sqrt[3]{a} - \dfrac{1}{\sqrt[3]{a}} = 1$ のとき、$a^2 + \dfrac{1}{a^2}$ の値を求めよ．

6．次の数の大小を調べよ．

　（1）$3^{\frac{1}{3}}$,　　$81^{\frac{1}{5}}$,　　1,　　$\dfrac{1}{3^2}$,　　$\left(\dfrac{1}{3}\right)^{-1}$

　（2）$\dfrac{3}{2}$,　　$\log_3 0.6$,　　$\log_3 4$,　　$\log_4 3$

7．$-1 \leq x \leq 1$ のとき、関数 $y = 4 \cdot 2^x - 2 \cdot 4^x + 2$ の最大値と最小値を求めよ．また、そのときの x の値を求めよ．

8．関数 $y = 4^x + \dfrac{1}{4^x} + 2^x + \dfrac{1}{2^x} + 5$ について、次の問に答えよ．

　（1）$2^x + \dfrac{1}{2^x} = t$ とおいて、y を t の式で表せ．

　（2）y の最小値を求めよ．また、そのときの x の値を求めよ．

9．不等式 $\left(\dfrac{1}{4}\right)^x + \left(\dfrac{1}{2}\right)^x > 6$ を満たす x の値の範囲を求めよ．

10．次の値を求めよ．

　（1）$\log_2 \dfrac{1}{2} - \log_4 \dfrac{1}{2} - \log_8 \dfrac{1}{2}$

(2) $\dfrac{\log_5 8 \cdot \log_3 6 \cdot \log_2 3}{\log_5 6}$

(3) $\log_2 10 \cdot \log_5 10 - \log_2 5 - \log_5 2$

11. $\log_2 a = x$, $\log_2 b = y$, $\log_2 c = z$ とおくとき、次の式を x, y, z を用いて表せ.

(1) $\log_2 ab^2 c^3$

(2) $\log_2 \sqrt[3]{a^2 b^3 c}$

12. $\log_x y + 9\log_y x = 6$ のとき、次の問に答えよ．ただし、$x > 0$, $x \neq 1$, $y > 0$, $y \neq 1$ とする.

(1) y を x で表せ.

(2) $\dfrac{x^3 + y^2}{x^6 + y}$ の値を求めよ.

13. 次の等式を満たす x の値を求めよ.

(1) $\log_2(x+2) + \log_2 x - 3 = 0$

(2) $\log_2(x-1) + \log_2(x+2) - 2 = 0$

14. 次の方程式を解け.

(1) $3\log_2 x = (\log_2 x)^2 + 2$

(2) $(\log_3 x)^2 - \log_3 x - 2 = 0$

(3) $x^{\log_2 x} - 8x^2 = 0$

15. 次の不等式を解け.

(1) $2\log_{10}(x-1) < \log_{10}(7-x)$

(2) $4\left(\log_{\frac{1}{3}} x\right)^2 + 3\log_{\frac{1}{3}} x \leq 1$

練習 C

1. 方程式 $2^{6x+1} + 5 \cdot 2^{4x} - 11 \cdot 2^{2x} + 4 = 0$ を解け.

   [97 関西大]

2. 方程式 $\log_3 x - \log_x 9 = 1$ を解け.　　　　　　　　　　　　　　[97 北見工大]

3. 連立方程式 $\begin{cases} x^2 + \log_3 y = 6 \\ |x| - \log_3 \sqrt{y} = 1 \end{cases}$ を解け.　　　　　[98 西南学院大]

4. 連立方程式 $\begin{cases} x^{x+y} = y^3 \\ y^{x+y} = x^3 \end{cases}$ を解け.ただし、$x > 0$, $y > 0$, $x \neq 1$, $y \neq 1$ とする.

   [93 岡山理科大]

5. 不等式 $\log_x (2x^2 + 5x - 6) > 3$ を解け.　　　　　　　　　[97 九州工芸大]

6. $f(x) = 2^{2x} + \dfrac{1}{2^{2x}} - 2^{x+3} - 2^{-x+3}$ に対して、$2^x + \dfrac{1}{2^x} = t$ とおく.

   (1) $2^{2x} + \dfrac{1}{2^{2x}}$ および $f(x)$ を t の式で表せ.

   (2) $t \geq 2$ が成り立つことを示せ.　　　　　　　　　　　　　[99 名城大]

7. $x = (\sqrt{5} + 2)^{\frac{1}{3}}$, $y = (\sqrt{5} - 2)^{\frac{1}{3}}$ のとき、$x - y$ の値を簡単にせよ.

   [97 神奈川大]

8. $A = \log_2 3$, $B = \log_3 5$ のとき、$\log_{72} 100$ を A, B で表せ.

   [01 東北学院大]

9．3つの数 $a = 2^{\frac{1}{2}}$, $b = 3^{\frac{1}{3}}$, $c = 5^{\frac{1}{5}}$ の大小を答えよ．

[00　東京薬大]

10．$\left(2^{3x+3} - 2^{-3x+3}\right) - 9\left(2^{2x+1} + 2^{-2x+1}\right) - 69\left(2^x - 2^{-x}\right) + 36 = 0$ を満たす実数 x の値を求めよ．

[98　立命館大]

第 4 章

三角関数
<small>さんかくかんすう</small>

1. 三角比(Trigonometric Ratio)

I、定義

(1) $\sin A = \dfrac{a}{b}$、$\cos A = \dfrac{c}{b}$、$\tan A = \dfrac{a}{c}$、

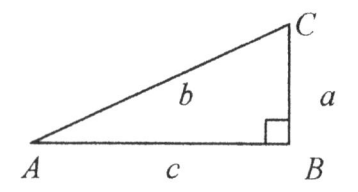

(2) 特殊な角の三角比

	0°	30°	45°	60°	90°
$\sin\theta$	0	$\dfrac{1}{2}$	$\dfrac{1}{\sqrt{2}}$	$\dfrac{\sqrt{3}}{2}$	1
$\cos\theta$	1	$\dfrac{\sqrt{3}}{2}$	$\dfrac{1}{\sqrt{2}}$	$\dfrac{1}{2}$	0
$\tan\theta$	0	$\dfrac{1}{\sqrt{3}}$	1	$\sqrt{3}$	

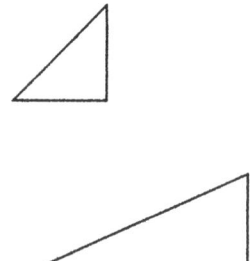

II、基本公式

(1) $\tan A = \dfrac{\sin A}{\cos A}$、$\sin^2 A + \cos^2 A = 1$、$1 + \tan^2 A = \dfrac{1}{\cos^2 A}$

(2) $\sin(90° - A) = \cos A$、$\cos(90° - A) = \sin A$、$\tan(90° - A) = \dfrac{1}{\tan A}$

(3) $\sin(180° - A) = \sin A$、$\cos(180° - A) = -\cos A$、$\tan(180° - A) = -\tan A$

問題 4.1、次の三角比を45°以下の三角比で表せ.

(1) $\sin 50°$ (2) $\cos 68°$ (3) $\tan 55°$
(4) $\sin 53°$ (5) $\cos 88°$ (6) $\tan 73°$

問題 4.2、次の式の値を求めよ.

(1) $\cos 22° - \sin 68°$ (2) $\cos^2 80° + \cos^2 10°$

（3）$\tan 33° \tan 57°$　　　　　　　　（4）$\tan 20° - \dfrac{\sin 20°}{\sin 70°}$

問題 4.3、$180° - \theta$ の三角比の公式を用いて、次の三角比の値を求めよ．
（1）$\sin 120°$　　　　　（2）$\cos 150°$　　　　　（3）$\tan 120°$

例題 4.1　$\cos A = \dfrac{12}{13}$ である時、$\sin A$、$\tan A$ の値を求めよ．

解：$\sin^2 A + \cos^2 A = 1$ であるから、
$$\sin^2 A = 1 - \cos^2 A = 1 - \left(\dfrac{12}{13}\right)^2 = \dfrac{25}{169}$$
$\sin A > 0$ であるから、
$$\sin A = \sqrt{\dfrac{25}{169}} = \dfrac{5}{13}$$
また、$\tan A = \dfrac{\sin A}{\cos A}$ であるから、
$$\tan A = \dfrac{5}{13} \div \dfrac{12}{13} = \dfrac{5}{12}$$

問題 4.4、直角三角形 ABC において、次の問に答えよ．

（1）$\tan A = \dfrac{1}{3}$ のとき、$\sin A$、$\cos A$ の値を求めよ．

（2）$\cos A = \dfrac{3}{5}$ のとき、$\sin A$、$\tan A$ の値を求めよ．

（3）$\sin A = \dfrac{5}{7}$ のとき、$\cos A$、$\tan A$ の値を求めよ．

2．三角比の応用

> コメント：
> 以下两个定理适用于任何的三角形．
> 아래의 정리는 임의의 삼각형에 적용이 가능하다．
> These two theorems below are applied to any triangles.

Ⅰ、正弦定理(The Law of Sine)

$$\frac{a}{\sin A} = \frac{b}{\sin B} = \frac{c}{\sin C} = 2R \ (R は外接円の半径)$$

例題 4.2　$\triangle ABC$ において、$a = 24$、$A = 45°$、$B = 60°$ の時、b を求めよ．また、外接円の半径 R を求めよ．

解：$a = 24$、$A = 45°$、$B = 60°$ であるから、正弦定理によって、

$$\frac{24}{\sin 45°} = \frac{b}{\sin 60°}$$

ゆえに、

$$b = \frac{24 \sin 60°}{\sin 45°} = 24 \cdot \frac{\sqrt{3}}{2} \div \frac{1}{\sqrt{2}} = 12\sqrt{6}$$

また、$\dfrac{24}{\sin 45°} = 2R$ より、$R = \dfrac{24}{2 \sin 45°} = 12\sqrt{2}$

問題 4.5、$\triangle ABC$ について、次の問に答えよ．
　（1）$a = 5$,　　$A = 45°$,　　$B = 60°$ のとき、b を求めよ．
　（2）$c = 3$,　　$A = 30°$,　　$C = 45°$ のとき、a を求めよ．
　（3）$b = 10$,　　$B = 120°$,　　$C = 30°$ のとき、c を求めよ．

問題 4.6、次の $\triangle ABC$ の外接円の半径を求めよ．
　（1）$a = 5$,　　$A = 45°$　　　　　（2）$c = 3$,　　$C = 45°$
　（3）$b = 10$,　　$B = 120°$　　　　（4）$c = 4$,　　$C = 60°$

II、余弦定理 (The Law of Cosine)

$$\begin{cases} a^2 = b^2 + c^2 - 2bc\cos A \\ b^2 = c^2 + a^2 - 2ca\cos B \\ c^2 = a^2 + b^2 - 2ab\cos C \end{cases}$$

例題 4.3 △ABC において、$C = 150°$、$a = \sqrt{3}$、$c = \sqrt{7}$ の時、b を求めよ.

解： $c^2 = a^2 + b^2 - 2ab\cos C$ であるから、C、a、c を代入して

$$(\sqrt{7})^2 = (\sqrt{3})^2 + b^2 - 2\sqrt{3}b\cos 150°$$

$\cos 150° = -\dfrac{\sqrt{3}}{2}$ を上の式に代入して整理すると

$$b^2 + 3b - 4 = 0$$
$$(b+4)(b-1) = 0$$

$b > 0$ であるから

$$b = 1$$

問題 4.7、△ABC について、次の問に答えよ.

(1) $b = 6$, $c = 4$, $A = 60°$ のとき、a を求めよ.

(2) $a = 13$, $b = 15$, $c = 8$ のとき、a を求めよ.

(3) $b = 2$, $c = \sqrt{3}+1$, $A = 60°$ のとき、a を求めよ.

III、三角形の面積 $(2s = a+b+c)$

(1) $S = \dfrac{1}{2}bc\sin A = \dfrac{1}{2}ca\sin B = \dfrac{1}{2}ab\sin C$

(2) $S = \dfrac{1}{2}r(a+b+c) = rs$ （r は内接円の半径）

> コメント：
> s 是周长的一半.
> s는 둘레의 길이의 절반이다.
> **s is half of the circumference.**

（3） $S = \sqrt{s(s-a)(s-b)(s-c)}$ （ヘロンの公式）（Heron's Formula）

例題 4.4　△ABC において、$AC = 4$、$AB = 5$、$A = 120°$ のとき、この三角形の面積を求めよ.

解：$S = \dfrac{1}{2}bc\sin A = \dfrac{1}{2} \cdot 4 \cdot 5 \sin 120° = 10 \cdot \dfrac{\sqrt{3}}{2} = 5\sqrt{3}$

問題 4.8、次の △ABC の面積を求めよ.
（1）$b = 3$,　　$c = 5$,　　$A = 60°$　　（2）$a = 10$,　　$c = 5$,　　$B = 150°$
（3）$a = 4$,　　$b = 9$,　　$C = 30°$　　（4）$a = \sqrt{2}$,　　$b = 6$,　　$C = 45°$

問題 4.9、△ABC において、三辺の長さは $a = 6$,　$b = 7$,　$c = 5$、内接する円の半径 $r = \dfrac{2\sqrt{6}}{3}$ であるとき、△ABC の面積 S を求めよ.

問題 4.10、△ABC について、$a = 9$,　$b = 8$,　$c = 7$ であるとき、次の問に答えよ.
（1）△ABC の面積 S を求めよ.
（2）△ABC の内接する円の半径 r を求めよ.

章末問題

練習 A

1. 直角三角形 ABC において、$\tan A$ の値が次のように与えられたとき、$\sin A$、$\cos A$ の値をそれぞれ求めよ．

   (1) $\tan A = \dfrac{1}{5}$ 　　　　　　　　　(2) $\tan A = 3$

   (3) $\tan A = \dfrac{5}{12}$ 　　　　　　　　(4) $\tan A = \dfrac{1}{9}$

2. 直角三角形 ABC において、次の問に答えよ．

   (1) $\sin A = \dfrac{4}{5}$ のとき、$\cos A$、$\tan A$ の値を求めよ．

   (2) $\sin A = \dfrac{5}{13}$ のとき、$\cos A$、$\tan A$ の値を求めよ．

   (3) $\cos A = \dfrac{3}{7}$ のとき、$\sin A$、$\tan A$ の値を求めよ．

   (4) $\cos A = \dfrac{3}{4}$ のとき、$\sin A$、$\tan A$ の値を求めよ．

3. 次の等式を満たす角 A を求めよ．ただし、$0° \leq A \leq 180°$ とする．

   (1) $\sin A = 1$ 　　　　　　　　　　(2) $\cos A = -\dfrac{1}{2}$

   (3) $2\sin A = \sqrt{3}$ 　　　　　　　(4) $\sqrt{2}\cos A - 1 = 0$

   (5) $\tan A = 1$ 　　　　　　　　　　(6) $\sqrt{3}\tan A + 1 = 0$

4. 次のように、角 A の三角比の1つの値が与えられたとき、他の三角比の値を求めよ．ただし、$0° \leq A \leq 180°$ とする．

   (1) $\sin A = \dfrac{1}{7}$ 　　　　　　　　　(2) $\sin A = \dfrac{3}{5}$

(3) $\cos A = -\dfrac{2}{3}$ (4) $\cos A = \dfrac{5}{13}$

(5) $\tan A = -3$ (6) $\tan A = \dfrac{5}{12}$

5．次の△ABCの外接円の半径を求めよ．
(1) $a = 3$, $A = 150°$ (2) $b = 4$, $B = 30°$
(3) $c = 15$, $C = 60°$ (4) $a = 4$, $B = 75°$, $C = 45°$

6．△ABCにおいて、次の問に答えよ．
(1) $a = 12$, $b = 13$, $c = 5$のとき、Bを求めよ．
(2) $a = 15$, $b = 13$, $c = 8$のとき、Bを求めよ．
(3) $a = \dfrac{7}{2}$, $b = 12$, $c = \dfrac{25}{2}$のとき、Cを求めよ．

7．次のような△ABCにおいて、Cは鋭角、鈍角、直角のいずれであるかを言え．
(1) $a = 12$, $b = 5$, $c = 13$
(2) $a = 3$, $b = 4$, $c = 6$
(3) $a = 7$, $b = 8$, $c = 6$

8．次の△ABCの面積を求めよ．
(1) $b = 3$, $c = 5$, $A = 120°$ (2) $a = 8$, $c = 5$, $B = 60°$
(3) $a = 4$, $b = 8$, $C = 30°$ (4) $a = \dfrac{\sqrt{2}}{2}$, $b = 3$, $C = 45°$

9．△ABCにおいて、$BC = 7$, $AC = 5$, $AB = 8$である．∠Aの2等分線とBCとの交点をDとするとき、BD, DCの長さを求めよ．

練習 B

1．次の値を求めよ．
   （1）$\sin 60° - \cos 30°$
   （2）$\sin^2 20° + \sin^2 70°$
   （3）$(\cos 25° + \sin 25°)^2 + (\sin 65° - \cos 65°)^2$
   （4）$\tan 20° \tan 70°$
   （5）$\sin 35° \sin 55° - \cos 35° \cos 55°$
   （6）$\sin 15° \cos 15° (\tan 75° + \tan 15°)$

2．$0° < \theta < 90°$ において、$\sin\theta + \cos\theta = \dfrac{7}{9}$ のとき、次の式の値を求めよ．
   （1）$\sin\theta \cos\theta$
   （2）$\dfrac{\sin\theta}{\cos\theta} + \dfrac{\cos\theta}{\sin\theta} + 2\left(\dfrac{1}{\cos\theta} + \dfrac{1}{\sin\theta}\right)$

3．次の式の値を求めよ．
   （1）$\cos 77° \cos 103° - \sin 103° \sin 77°$
   （2）$\tan 160° + \dfrac{1}{\tan 70°}$
   （3）$(\sin 35° + \sin 55°)^2 + (\sin 145° + \cos 145°)^2$

4．次の等式を満たす角 A を求めよ．ただし、$0° \leq A \leq 180°$ とする．
   （1）$\cos^2 A - \sin A + 1 = 0$
   （2）$2\sin^2 A = 1 - \sin A$

5．次の不等式を満たす A の値の範囲を求めよ．ただし、$0° \leq A \leq 180°$ とする．
   （1）$\sin A \geq \dfrac{1}{2}$
   （2）$\cos A < \dfrac{\sqrt{3}}{2}$
   （3）$\tan A \leq -1$
   （4）$2\sin^2 A + \cos A - 2 \geq 0$

6．$\triangle ABC$ において、$A : B : C = 1 : 2 : 3$ のとき、次の問に答えよ．
   （1）A、B、C の大きさを求めよ．
   （2）$a : b : c$ を求めよ．

7．$\triangle ABC$において、$a = 3+\sqrt{3}$, $b = 2\sqrt{3}$, $B = 45°$のとき、c, A, Cを求めよ．

8．$\triangle ABC$において、次の等式が成り立つとき、どのような三角形であるかを調べよ．

（1） $bc \cdot \cos A + ac \cdot \cos B + ab \cdot \cos C = \dfrac{a^2 - b^2 + 3c^2}{2}$

（2） $\sin A \cos A + \sin C \cos C - \sin B \cos B = 0$

（3） $\dfrac{\sin A \sin C}{\cos A \cos C} = \sin^2 B$

9．$\triangle ABC$において、$a:b:c = 6:7:8$であるとき、$\cos A : \cos B : \cos C$を求めよ．

10．$\triangle ABC$において、$c = 10$, $b = 8$, $A = 120°$である。$\angle A$の2等分線とBCとの交点をDとするとき、ADの長さを求めよ．

11．$\triangle ABC$において、$AB = 4$, $A = 60°$, $B = 75°$のとき、面積を求めよ．

練習 C

1．$\sin^2 x + \sin x = 1$ のとき、$\cos^2 x,\ \tan^2 x$ の値を求めよ．

[94　福岡工大]

2．$0° \leq \theta \leq 180°$ とする．$10\cos^2\theta - 24\sin\theta\cos\theta - 5 = 0$ のとき、$\tan\theta$ の値を求めよ．

[97　上智大]

3．$AB = 4$, $AC = 3$, $\angle A = 60°$ の $\triangle ABC$ がある．$BC = (\quad)$ である．角 A の 2 等分線と辺 BC との交点を D とすると $\triangle ABD$ の面積は $(\quad)$、$AD = (\quad)$ である．

[98　近畿大]

4．$\triangle ABC$ において、面積が 1 で $AB = 2$ のとき、$BC^2 + (2\sqrt{3} - 1)AC^2$ の値を最小にするような $\angle BAC$ の大きさを求めよ．

[99　北海道大]

5．$\triangle ABC$ で $AB = 2$, $BC = 3$, $CA = 4$ のとき、$\cos A$ の値、$\sin A$ の値、$\triangle ABC$ の面積、内接円の半径、外接円の半径を求めよ．

[01　日本歯科大]

6．$\triangle ABC$ において、$\sin A \cos A = \sin B \cos B + \sin C \cos C$ が成り立つ．$\triangle ABC$ はどのような形の三角形か．

[東京国際大]

7．3 辺の長さが $x^2 + x + 1$、$-2x - 1$、$x^2 + 2x$ である三角形の最大角の正弦と余弦の値を求めよ．

[95　法政大]

8．$\triangle ABC$ は $\angle A = 120°$、$AB \cdot AC = 1$ を満たす．$\angle A$ の 2 等分線と BC との交点を D とする．
 （1）$AB = x$ とおいて、AD を x で表せ．
 （2）x が動くとき、AD の最大値とそのときの x を求めよ．

[97 北海道大]

9. $t = \cos x \sin y = \sin x + \cos y$ であるとき
   (1) $\sin x \cos y$ を t で表せ．
   (2) t のとりうる値の範囲を求めよ． [97 同志社大]

10. $\sin^3 \theta + \cos^3 \theta = \dfrac{11}{16} \, (-90° \leq \theta \leq 0°)$ であるとき、$\sin\theta\cos\theta$, $\tan\theta$ の値を求めよ．

[98 慶応大]

11. $0° \leq \theta < 360°$ の条件で、方程式 $\cos^2\theta + \sqrt{3}\sin\theta\cos\theta = 1$ を満たす θ を求めよ．

[97 立教大]

12. 方程式 $\sin^4 x - 6\sin^2 x \cos^2 x + \cos^4 x = 0$ を解け．

[97 広島大]

13. $\cos\theta - \sin\theta = \dfrac{1}{2}$ のとき、$\tan^2\theta - \dfrac{1}{\tan^2\theta}$ の値を求めよ．

[97 阪南大]

第 5 章

平面図形
空間図形

1. 三角形(Triangle)

Ⅰ、三角形の内角(Internal Angle)
外角(External Angle)の二等分線(Bisector of the Angle)
$\angle BAD = \angle CAD$、$\angle CAE = \angle EAT$
$\Leftrightarrow AB:AC = BD:DC = BE:EC$

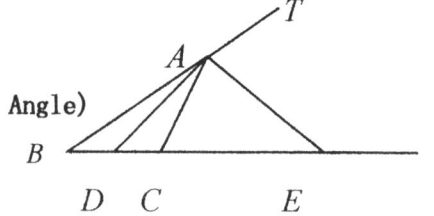

問 5.1、$\triangle ABC$ において、$\angle A$ の 2 等分線が対辺 BC との交点を D とするとき、次の問に答えよ．
　（1）$BD:BC = 3:5$ のとき、$AB:AC$ を求めよ．
　（2）$AB = 5$, $AC = 6$, $BD = 3$ のとき、CD の長さを求めよ．
　（3）$AB = 3$, $AC = 4$, $BC = 6$ のとき、BD の長さを求めよ．

問 5.2、辺 AB, BC, CA の長さがそれぞれ 6, 5, 4 である．$\triangle ABC$ の頂点 A における外角の 2 等分線と辺 BC の延長との交点を E とするとき、CE の長さを求めよ．

Ⅱ、五心(外心、重心、垂心、内心、傍心)
（1）3 中線は 1 点交わり、交点は中線を 2:1 に内分する．(重心)(Bare center)
（2）3 つの角の 2 等分線は 1 点交わる．(内心) (Incenter)
（3）1 つの内角の 2 等分線と、他の 2 つの外角の 2 等分線とは 1 点で交わる．(傍心)
　　(Excenter)
（4）3 辺の垂直 2 等分線は 1 点で交わる．(外心)(Circumcenter)
（5）3 頂点から対辺に下ろした垂線は 1 点で交わる．(垂心)(Orthocenter)
（6）$S = \dfrac{1}{2}r(a+b+c) = \dfrac{abc}{4R}$ (r：内接円の半径、R：外接円の半径)

問 5.3、重心の定理を証明せよ．

問 5.4、次のような三角形を (a)、(b)、(c) から選べ．

（1）外心が三角形の辺上にある．
（2）外心が三角形の内部にある．
（3）外心が三角形の外部にある．
(a) 鋭角三角形(Acute Triangle)　　(b) 直角三角形(Right-angled Triangle)
(c) 鈍角三角形(Obtuse Triangle)

Ⅲ、中線定理（パップスの定理）

$$AB^2 + AC^2 = 2(AM^2 + BM^2)$$

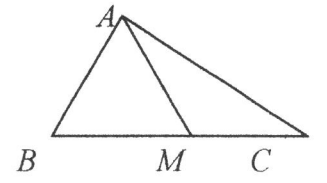

Ⅳ、メネラウスの定理
(Menelaus's Theorem)

$$\frac{CP}{BP} \cdot \frac{AQ}{CQ} \cdot \frac{BR}{AR} = 1$$

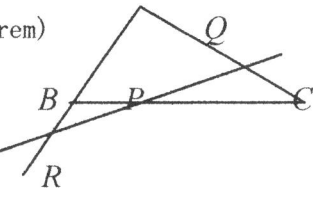

メネラウスの定理の証明

証明：図のように、C を通り QR に平行な直線を引き、AB と交点を S とする．AR, RB, RS の長さを、それぞれ x, y, z とすると

$$\frac{AR}{RB} = \frac{x}{y},\quad \frac{BP}{PC} = \frac{y}{z},\quad \frac{CQ}{QA} = \frac{z}{x}$$

したがって

$$\frac{AR}{RB} \cdot \frac{BP}{PC} \cdot \frac{CQ}{QA} = 1$$

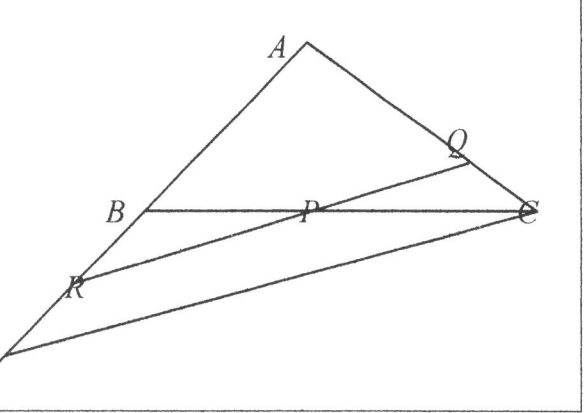

例題5.1 右の図において $AQ = 3$、$QC = 2$、$BR = 4$、$BC = 6$、$CP = 3$ である．AR の長さを求めよ．

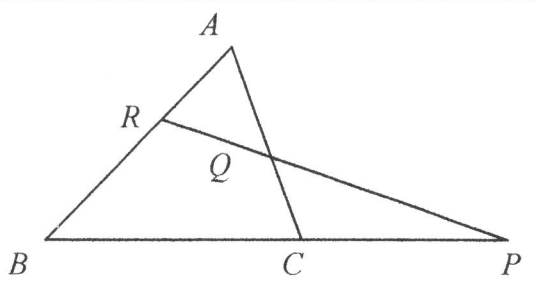

解：△ABCと直線RPに対して、メネラウスの定理を適用するから、

$$\frac{BP}{PC} \cdot \frac{CQ}{QA} \cdot \frac{AR}{RB} = 1$$

$$\frac{6+3}{3} \cdot \frac{2}{3} \cdot \frac{AR}{4} = 1$$

ゆえに $AR = 2$

問 5.5、△ABCの3中線を$AD, \ BE, \ CF$、重心をGとおくとき、△ABDと直線CFに対して、メネラウスの定理を用いて、$AG:GD = 2:1$であることを示せ．

V、チェバの定理 (Ceva's Theorem)

$$\frac{CP}{BP} \cdot \frac{AQ}{CQ} \cdot \frac{BR}{AR} = 1$$

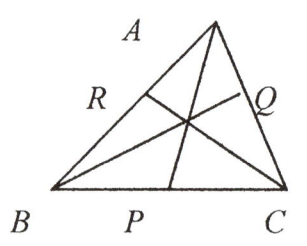

チェバの定理の証明

証明：3直線$AP, \ BQ, \ CR$の交点をSとする．△ABS、△SCAにおいて、SAを底辺と考えれば、△ABSと△SCAの面積の比は

$$\frac{\triangle ACS}{\triangle SBA} = \frac{CP}{PB}$$

同様に

$$\frac{\triangle CBS}{\triangle ABS} = \frac{QA}{CQ}$$

$$\frac{\triangle SCB}{\triangle SCA} = \frac{BR}{AR}$$

したがって

$$\frac{CP}{BP} \cdot \frac{AQ}{CQ} \cdot \frac{BR}{AR} = 1$$

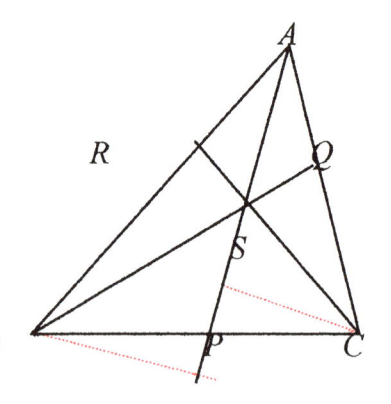

例題 5.2　△ABC において、$AP=5$、$PB=1$、$BQ=1$、$QC=2$ の時、$AR:RC$ を求めよ．

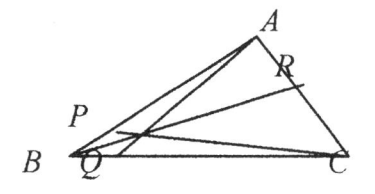

解：チェバ定理より

$$\frac{AP}{PB}\cdot\frac{BQ}{QC}\cdot\frac{CR}{RA}=1$$

$$\frac{5}{1}\cdot\frac{1}{2}\cdot\frac{CR}{RA}=1$$

ゆえに　$\dfrac{AR}{CR}=\dfrac{5}{2}$

問 5.6、上のチェバの定理の図において、$CQ:QA$，$AR:RB$ を次のように与えるとき、$BP:PC$ を求めよ．

（1）$CQ:QA=3:2$　　　$AR:RB=5:3$

（2）$CQ:QA=3:1$　　　$AR:RB=1:3$

2. 円 (Circle)

I、円の方程式

(1) 原点を中心、半径 r の円　$x^2 + y^2 = r^2$

(2) 点 (a,b) を中心、半径 r の円　$(x-a)^2 + (y-b)^2 = r^2$

例題5.3　2点 $A(-2,-3)$、$B(4,7)$ を直径の両端とする円の方程式を求めよ．

解：求める円の中心を $C(a,b)$、半径を r とすると、中心 C は線分 AB の中点であるから

$$a = \frac{-2+4}{2} = 1 \qquad b = \frac{-3+7}{2} = 2$$

よって、$C(1,2)$ となる．また、$r = AC$ より

$$r = \sqrt{\{1-(-2)\}^2 + \{2-(-3)\}^2} = \sqrt{34}$$

したがって、求める円の方程式は

$$(x-1)^2 + (y-2)^2 = 34$$

問 5.7、次の円の方程式を求めよ．

(1) 点 $(2,3)$ を中心とする半径 3 の円

(2) 点 $(-1,2)$ を中心で、点 $(-3,1)$ を通る円

(3) 2点 $A(-1,1)$、$B(3,5)$ を直径の両端とする円

(3) 円の一般形　$x^2 + y^2 + ax + by + c = 0 \ (a^2 + b^2 - 4c > 0)$

例題5.4　3点 $A(0,5)$、$B(-1,-2)$、$C(6,-3)$ を通る円の方程式を求めよ．

解：求める円の方程式を $x^2 + y^2 + lx + my + n = 0$ とする．この円が、点 $A(0,5)$、$B(-1,-2)$、$C(6,-3)$ を通るから

$$\begin{cases} 25+5m+n=0 \\ 1+4-l-2m+n=0 \\ 36+9+6l-3m+n=0 \end{cases} \Rightarrow \begin{cases} 5m+n=-25 \\ l+2m-n=5 \\ 6l-3m+n=-45 \end{cases} \Rightarrow \begin{cases} l=-6 \\ m=-2 \\ n=-15 \end{cases}$$

したがって、求める円の方程式は
$$x^2+y^2-6x-2y-15=0$$

問 5.8、3 点 $A(0,0)$、$B(-2,0)$、$C(-1,7)$ を通る円の方程式を求めよ．

Ⅱ、円と円の位置関係　（半径 r、r' ($r>r'$)、中心距離 d とする）

（1）交わる　$\Leftrightarrow r-r'<d<r+r'$

（2）接する　$\Leftrightarrow d=r-r'$（内接）、$d=r+r'$（外接）

（3）共有点なし　$\Leftrightarrow d<r-r'$、$d>r+r'$

Ⅲ、直線と円の位置関係

（1）直線と円との共有点

　（a）交点の座標 $\Leftrightarrow$ 連立方程式の実数解

　　　交わる $\Leftrightarrow$ 2 つの実数解 $(D>0)$

　　　接する $\Leftrightarrow$ 重解 $(D=0)$

　　　共有点なし $\Leftrightarrow$ 虚数解 $(D<0)$

例題 5.5　円 $x^2+y^2=5$ と直線 $y=x+1$ との共有点の座標を求めよ．

解：$y=x+1$ を $x^2+y^2=5$ に代入して $x^2+(x+1)^2=5$．
よって　　$(x+2)(x-1)=0$
より　　　$x=-2,1$
ゆえに、$y=x+1$ より　$x=-2$ のとき、$y=-1$、$x=1$ のとき、$y=2$．
したがって、共有点の座標は $(-2,-1)$、$(1,2)$．

問 5.9、次の円と直線が、共有点を持つかどうかを調べよ．

（1）円 $x^2+y^2=1$、直線 $x+y=-3$

（2）円 $x^2+y^2=5$、直線 $2x+y=4$

問 5.10、次の各組の円と直線の共有点の座標を求めよ．
 (1) $x^2+y^2=10$,　　$x-y+2=0$
 (2) $x^2+y^2=2$,　　$x-y+2=0$

　(b) 半径 r の円の中心から直線までの距離を d とする
　　　交わる $\Leftrightarrow r>d$
　　　接する $\Leftrightarrow r=d$
　　　交わらない $\Leftrightarrow r<d$

例題 5.6　円 $x^2+y^2=16$ と直線 $l:3x+4y+k=0$ が接するように k の値と定めよ．

解：円の中心 $O(0,0)$ と直線 l との距離 d は
$$d=\frac{|k|}{\sqrt{3^2+4^2}}=\frac{|k|}{5}$$
よって、この d が円の半径 4 と等しい時に、円と直線 l は接するから
$$\frac{|k|}{5}=4 \text{ より } |k|=20$$
ゆえに、$k=-20,20$

問 5.11、直線 $y=2x+n$ が円 $x^2+y^2=2$ に接するときの n の値を求めよ．

(2) 円とその接線(Tangent)の方程式
　円 $x^2+y^2=r^2$ 上の点 (x_1,y_1) における接線 $x_1x+y_1y=r^2$

例題 5.7　点 $(-3,1)$ から円 $x^2+y^2=5$ に引いた接線の方程式を求めよ．

解：円 $x^2+y^2=5$ 上の点 (a,b) のおける接線の方程式は
$$ax+by=5 \quad \cdots ①$$
これが点 $(-3,1)$ を通るから
$$-3a+b=5 \quad \cdots ②$$
また、点 (a,b) は円周上の点であるから
$$a^2+b^2=5 \quad \cdots ③$$

②、③より $\begin{cases} a = -1 \\ b = 2 \end{cases}$ $\begin{cases} a = -2 \\ b = -1 \end{cases}$

したがって、①より求める接線の方程式は
$$x - 2y + 5 = 0, \quad 2x + y + 5 = 0$$

問 5.12、次の円について、与えられた円周上の点における接線の方程式を求めよ．

(1) $x^2 + y^2 = 4$, $(1, \sqrt{3})$

(2) $x^2 + y^2 = 9$, $(2, \sqrt{5})$

(3) $x^2 + y^2 = 18$, $(3, -3)$

Ⅳ、円周角と中心角

(1) 同じ弧(Arc)(または、等しい長さの弧)に対する円周角は等しい
(2) 等しい円周角に対する弧の長さは等しい
(3) 円周角は中心角の半分
(4) 接線と円周角(接弦定理)　$\angle ATQ = \angle TPQ$
(5) 円に内接する四角形は、対角の和が180°
(6) 円に外接する四角形は、2組の対辺の和が等しい
(7) 方べきの定理　$PA \cdot PB = PC \cdot PD$、$AT^2 = AB \cdot AC$

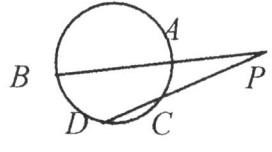

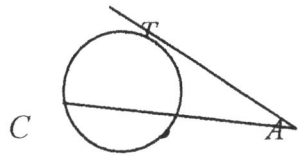

Ⅴ、弧度法(Circular Measure)

弧度(ラジアン radian)：半径 r の円周上に半径 r と等しい長さの弧に対する中心角を、1弧度(ラジアン)定義する。

$$360° = 2\pi \qquad 180° = \pi$$

$$90° = \frac{\pi}{2} \qquad 60° = \frac{\pi}{3}$$

$$45° = \frac{\pi}{4} \qquad 30° = \frac{\pi}{6}$$

Ⅵ、円周の長さ＝直径×円周率(π)　　　$(\pi = 3.141592653\cdots \cong 3.14)$

　弧の長さ＝円周の長さ × 中心角 / 2π　（中心角：Central Angle）

　扇形の面積＝円の面積 × 中心角 / 2π

3. 点(Point)と直線(Line)

Ⅰ、座標(Coordinate)平面上の点

（1）2点 $A(x_1, y_1)$、$B(x_2, y_2)$ 間の距離 $\sqrt{(x_1-x_2)^2+(y_1-y_2)^2}$

問 5.13、次の両点間の距離を求めよ.
- （1） $A(0,0)$　　　$B(5,5)$　　　（2） $A(2,3)$　　　$B(5,8)$
- （3） $A(0,7)$　　　$B(4,-1)$　　　（4） $A(6,0)$　　　$B(0,-2)$
- （5） $A(ab^2, 2abc)$　　　$B(ac^2, 0)$
- （6） $A\left(\dfrac{\sqrt{3}}{2}, -\dfrac{\sqrt{2}}{2}\right)$　　　$B\left(-\dfrac{\sqrt{2}}{2}, -\dfrac{\sqrt{3}}{2}\right)$

例題 5.8　△ABC の辺 BC の中点をとすれば、
$$AB^2 + AC^2 = 2(AM^2 + BM^2)$$
が成り立つことを証明せよ.

解：M を原点、直線 BC を x 軸にとると、△ABC の頂点の座標は $A(a,b)$、$B(-c, 0)$、$C(c, 0)$ と置ける. このとき、
$$AB^2 + AC^2 = \{(a+c)^2 + b^2\} + \{(a-c)^2 + b^2\}$$
$$= a^2 + 2ac + c^2 + b^2 + a^2 - 2ac + c^2 + b^2$$
$$= 2(a^2 + b^2 + c^2)$$

一方、$M(0,0)$ であるから
$$2(AM^2 + BM^2) = 2\{(a^2 + b^2) + c^2\} = 2(a^2 + b^2 + c^2)$$
よって、
$$AB^2 + AC^2 = 2(AM^2 + BM^2)$$

（2）線分 AB の分点 $\left(\dfrac{nx_1+mx_2}{m+n}, \dfrac{ny_1+my_2}{m+n}\right)\left(\begin{array}{l}mn>0 \to 内分\\ mn<0 \to 外分\end{array}\right)$

例題 5.9　4点 $A(-2,-2)$、$B(3,-1)$、$C(4,2)$、$D(x,y)$ がある．四角形 $ABCD$ が平行四辺形となるように、点 D の座標を定めよ．

解：対角線 AC、BD について、AC の中点は $(1,0)$、BD の中点は $\left(\dfrac{x+3}{2}, \dfrac{y-1}{2}\right)$ である．四角形 $ABCD$ が平行四辺形となるのは、この2つの中点が一致するときである．よって、$\dfrac{x+3}{2}=1$、$\dfrac{y-1}{2}=0$．ゆえに、$x=-1$、$y=1$．すなわち、点 D の座標は $D(-1,1)$．

問 5.14、
(1) $A(2,1)$、$B(3,-9)$ のとき、線分 AB を $4:1$ に内分する点 P の座標を求めよ．
(2) $A(3,4)$、$B(5,7)$ のとき、線分 AB を $2:1$ に外分する点 P の座標を求めよ．
(3) $A(3,4)$、$B(5,7)$ のとき、線分 AB の中点 P の座標を求めよ．

（3）三角形の重心：$A(x_1,y_1)$、$B(x_2,y_2)$、$C(x_3,y_3)$ のとき、$\triangle ABC$ の重心は
$$\left(\dfrac{x_1+x_2+x_3}{3}, \dfrac{y_1+y_2+y_3}{3}\right)$$

例題 5.10　3点 $A(x_1,y_1)$、$B(x_2,y_2)$、$C(x_3,y_3)$ を頂点とする三角形 ABC の重心 G の座標は、次のようになることを示せ．

解：辺 BC の中点 M の座標は $\left(\dfrac{x_2+x_3}{2}, \dfrac{y_2+y_3}{2}\right)$ である．よって、重心 G は線分 AM を $2:1$ に内分する点であるから、$G(x,y)$ とすると、

$$x = \frac{x_1 + 2 \times \frac{x_2 + x_3}{2}}{2+1} = \frac{x_1 + x_2 + x_3}{3}$$

$$y = \frac{y_1 + 2 \times \frac{y_2 + y_3}{2}}{2+1} = \frac{y_1 + y_2 + y_3}{3}$$

ゆえに、重心 G の座標は $\left(\dfrac{x_1 + x_2 + x_3}{3}, \dfrac{y_1 + y_2 + y_3}{3}\right)$.

問 5.15、
 (1) $A(3, 4)$、$B(7, 8)$、$C(2, -6)$ のとき、$\triangle ABC$ の重心 G の座標を求めよ.
 (2) $\triangle ABC$ について、頂点 A, B と重心 G の座標はそれぞれ $(2, 3)$、$(8, -4)$、$(2, -1)$ であるとき、点 C の座標を求めよ.

II、直線の方程式 (Equation)

 (1) 傾き m、点 (x_1, y_1) を通る直線　　$y - y_1 = m(x - x_1)$
 (2) 2点 (x_1, y_1)、(x_2, y_2) を通る直線　　$(x_2 - x_1)(y - y_1) = (y_2 - y_1)(x - x_1)$
 (3) 一般形　　$ax + by + c = 0$

例題 5.11 点 $(2, -1)$ を通り、傾きが 3 の直線の方程式を求めよ.

解：
$$y - (-1) = 3(x - 2)$$
すなわち
$$y = 3x - 7$$

問 5.16、次の方程式を求めよ.
 (1) 点 $(4, 1)$ を通り、傾きが 5 の直線の方程式を求めよ.
 (2) 点 $(0, 2)$ を通り、傾きが $-\dfrac{2}{3}$ の直線の方程式を求めよ.
 (3) 点 $(-5, 0)$ を通り、傾きが 1 の直線の方程式を求めよ.
 (4) 点 $(0, b)$ を通り、傾きが k の直線の方程式を求めよ.

例題 5.12 2点 $A(-1,5)$、$B(2,-4)$ を通る直線の方程式を求めよ．

解：
$$y - 5 = \frac{-4-5}{2-(-1)}(x+1)$$

すなわち
$$y = -3x + 2$$

問 5.17、次の2点を通る直線の方程式を求めよ．
(1) $(4,1)$ $(6,5)$ (2) $(2,1)$ $(0,-3)$
(3) $(0,5)$ $(5,0)$ (4) $(-4,-5)$ $(0,0)$

Ⅲ、2直線の位置関係

(1) 平行(parallel)、一致(coincide)、垂直(perpendicular)条件

$$\begin{cases} y = m_1 x + n_1 \\ y = m_2 x + n_2 \end{cases}$$

平行 $\Leftrightarrow m_1 = m_2$、$n_1 \neq n_2$

一致 $\Leftrightarrow m_1 = m_2$、$n_1 = n_2$

垂直 $\Leftrightarrow m_1 m_2 = -1$

(2) 2直線 $a_1 x + b_1 y + c_1 = 0$、$a_2 x + b_2 y + c_2 = 0$ の交点を通る直線
$$(a_1 x + b_1 y + c_1) + k(a_2 x + b_2 y + c_2) = 0 \quad (k:定数)$$

(3) 点 (x_1, y_1) と直線 $ax + by + c = 0$ との距離 $\dfrac{|ax_1 + by_1 + c|}{\sqrt{a^2 + b^2}}$

例題 5.13 点 $(3,1)$ を通り、直線 $l: 3x - 4y + 1 = 0$ に平行な直線および垂直な直線の方程式を求めよ．

解：直線 l の傾き $\dfrac{3}{4}$ であるから、l に平行な直線の方程式は
$$y - 1 = \frac{3}{4}(x - 3)$$

すなわち
$$3x - 4y - 5 = 0$$

また、直線 l に垂直な直線の傾きを m' とすると

$$\frac{3}{4} \times m' = -1 \text{ より } m' = -\frac{4}{3}$$

よって、点 $(3,1)$ を通り、l に垂直な直線の方程式は

$$y - 1 = -\frac{4}{3}(x - 3)$$

すなわち

$$4x + 3y - 15 = 0$$

問 5.18、次の直線の方程式を求めよ.

(1) 点 $(8, -2)$ を通り、直線 $\sqrt{3}x - 3y + 1 = 0$ に平行な直線

(2) 点 $(-2, 0)$ を通り、x 軸と垂直な直線

(3) 点 $(4, 1)$ を通り、直線 $3x - y + 2$ に平行な直線

問 5.19、次の点と直線との距離を求めよ.

(1) $(-1, 2)$ $2x + y - 10 = 0$

(2) $(0, 0)$ $3x + 2y - 26 = 0$

(3) $(-2, 3)$ $3x + 4y + 3 = 0$

(4) $(1, 0)$ $\sqrt{3}x + y - \sqrt{3} = 0$

4. 空間図形(Special Figures)

I、球(Sphere)

半径が r である球の体積は $\dfrac{4\pi r^3}{3}$、表面積は $4\pi r^2$.

問 5.20、次の球の体積と表面積を求めよ.
(1) 半径 $r = 13$
(2) 半径 $r = 5$
(3) 直径 $d = 20$
(4) 直径 $d = 15$

II、錐(Pyramid)

錐の体積 $= \dfrac{1}{3} \times$ 底面積 $\times$ 高さ

錐の表面積 $=$ 底面積 $+$ 側面積

問 5.21、次の錐の体積と表面積を求めよ.
(1) 底面の半径が2、高さが5である円錐
(2) 一辺の長さが3である正方形を底面とする高さが5の四角錐
(3) 辺の長さが1である正三角形が一辺を軸として、一回転得られる円錐
(4) 辺の長さが3である正四面体

章末練習

練習 A

1. △ABC について、次の問に答えよ.
   (1) $b = 8$, $A = 60°$, $B = 45°$ のとき、a を求めよ.
   (2) $c = 3$, $C = 45°$, $B = 30°$ のとき、b を求めよ.
   (3) $a = 5$, $A = 30°$, $C = 135°$ のとき、c を求めよ.

2. △ABC について、次の問に答えよ.
   (1) $b = 6$, $c = 6\sqrt{2}$, $B = 45°$ のとき、C, A を求めよ.
   (2) $c = \sqrt{6}$, $A = 45°$, $a = 2$ のとき、B, C を求めよ.

3. △ABC について、次の問に答えよ.
   (1) $b = 6$, $c = 4$, $A = 60°$ のとき、a を求めよ.
   (2) $a = 5$, $c = 2$, $B = 120°$ のとき、b を求めよ.
   (3) $a = 2$, $b = \sqrt{2}$, $C = 45°$ のとき、c を求めよ.

4. △ABC について、次の問に答えよ.
   (1) $b = 6$, $c = 3\sqrt{2} + \sqrt{6}$, $A = 45°$ のとき、a, B, C を求めよ.
   (2) $a = 2$, $c = \sqrt{6}$, $A = 45°$ のとき、b, C, B を求めよ.

5. △ABC において、$a = 6$, $b = 8$, $c = 4$ のとき、もっとも小さい角の余弦を求めよ.

6. △ABC において、$a = 6$, $b = 8$, $c = 4$ のとき、次の問に答えよ.
   (1) $\cos C$ を求めよ.
   (2) 面積を求めよ.

7．下の図の △ABC について、$B = 45°$，$C = 90°$，$BC = 2$ とする。辺 BC 上の点 P と辺 AB 上の点 Q が $BQ = CP$ を満たしながら動くとき、次の問に答えよ．

（1） △BPQ の面積の最大値を求めよ．

（2） 線分 PQ の長さが最小になるのは、点 P がどこにあるときか．

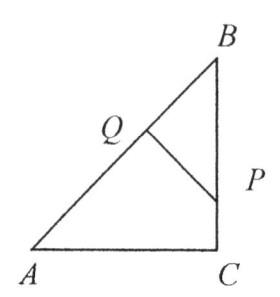

8．下の図のように、すべての辺の長さが 4 である正四角錐 ABCDE の辺 AB，CD の中点をそれぞれ F，G とする．$\angle FEG = x$，$\angle EFG = y$ とするとき、$\cos x$，$\cos y$ の値をそれぞれ求めよ．

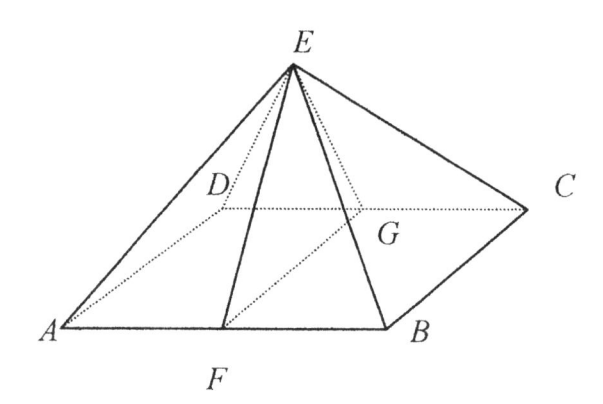

9．下の図のように、すべての辺の長さが 4 である正四角錐 ABCDE がある．辺 EC の中点を R として、辺 EB、ED 上にそれぞれ点 S、T をとる．点 A から、3 点 R，S，T を通って A にいたるように線を書けるとする．線の長さが最小となるときの長さを求めよ．

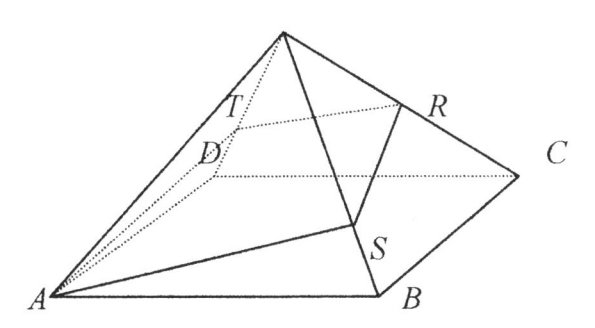

10．次の点の座標を求めよ．
（1）2点 $A(-2)$、$B(7)$ を結ぶ線分 AB を $2:3$ に内分する点 E
（2）2点 $A(-12)$、$B(-7)$ を結ぶ線分 AB を $4:3$ に内分する点 E
（3）2点 $A(-12)$、$B(-7)$ を結ぶ線分 AB の中点 E

11．次の点の座標を求めよ．
（1）2点 $A(10)$、$B(5)$ を結ぶ線分 AB を $4:3$ に外分する点 E
（2）2点 $A(-6)$、$B(-10)$ を結ぶ線分 AB を $4:7$ に外分する点 E

12．次の2点間の距離を求めよ．
（1）$(2,1)$　　$(3,8)$　　　　　（2）$(4,3)$　　$(-4,-3)$
（3）$\left(\dfrac{1}{3},-1\right)$　　$(2,-1)$　　　（4）$\left(\dfrac{1}{2},\dfrac{1}{5}\right)$　　$\left(-\dfrac{2}{5},-\dfrac{5}{4}\right)$

13．次の各組みの2点を結ぶ線分を $4:3$ に内分する点と外分する点の座標をそれぞれ求めよ．
（1）$(-2,4)$　　$(3,-6)$　　　　（2）$(2,3)$　　$(-3,-8)$
（3）$\left(-\dfrac{2}{5},\dfrac{4}{5}\right)$　　$\left(\dfrac{3}{5},-\dfrac{6}{5}\right)$　　（4）$\left(\dfrac{1}{2},\dfrac{1}{5}\right)$　　$\left(\dfrac{2}{3},\dfrac{6}{5}\right)$

14．3点 $A(5,-5)$, $B(7,3)$, $C(6,2)$ について、次の問に答えよ．
（1）$\triangle ABC$ の重心の座標を求めよ．
（2）$\triangle ABD$ の重心が点 $C(6,2)$ であるとき、点 D の座標を求めよ．

15．点 $(3,-4)$ を通り、次の条件を満たす直線の方程式を求めよ．

（1）傾きが -4 　　　　（2）傾きが $\dfrac{5}{3}$ 　　　　（3）x 軸に平行

１６．次の2点を通る直線の方程式を求めよ．

　　（1）$(3, 8)$　　$(5, -4)$　　　　（2）$\left(\dfrac{3}{2}, -3\right)$　　$\left(5, \dfrac{1}{2}\right)$

　　（3）$(5, 7)$　　$(-5, 1)$　　　　（4）$\left(\dfrac{3}{7}, -\dfrac{3}{5}\right)$　　$\left(\dfrac{5}{7}, \dfrac{1}{5}\right)$

１７．2直線 $y = -\dfrac{7}{3}x + 3$，$y = \dfrac{4}{5}x + \dfrac{32}{5}$ の交点の座標を求め、この交点と点 $(2, -1)$ を通る直線の方程式を求めよ．

１８．2点 $(2, 5)$，$(-1, 11)$ を通る直線 l について、次の問に答えよ．
　　（1）点 $(3, 8)$ を通り、直線 l に平行な直線の方程式を求めよ．
　　（2）点 $(3, 8)$ を通り、直線 l に垂直な直線の方程式を求めよ．

１９．次の直線に関して、点 $(4, -3)$ と対称な点の座標を求めよ．
　　（1）直線 $y = x$ 　　　　　　　　（2）直線 $4x + 3y = 5$

２０．次の点と直線の距離を求めよ．
　　（1）点 $(5, -3)$ と直線 $x + 3y - 8 = 0$
　　（2）点 $(-7, 1)$ と直線 $x - 3y + 10 = 0$

２１．次の円の方程式を求めよ．
　　（1）原点を中心とする半径 $\sqrt{5}$ の円
　　（2）点 $(-5, 1)$ を中心とする半径6の円
　　（3）点 $(3, -5)$ を中心として、点 $(2, 6)$ を通る円
　　（4）3点 $(4, 2)$、$(5, -5)$、$(1, 3)$ を通る円

２２．次の方程式で表される円の中心と半径を求めよ．
　　（1）$x^2 + y^2 - 4x + 8y = 0$
　　（2）$2x^2 + 2y^2 - 3x + 5y = 0$

２３．次の円と直線の共有点の座標を求めよ．
(1) $x^2 + y^2 = 2$　　$2x - y - 1 = 0$

(2) $\left(x - \dfrac{3}{2}\right)^2 + (y-1)^2 = \dfrac{65}{4}$　　$x + 2y - 11 = 0$

２４．次の円と直線の共有点の個数を求めよ．
(1) $x^2 + y^2 = 25$　　$2x - y - 5 = 0$

(2) $(x-3)^2 + (y+1)^2 = 2$　　$x - y + 6 = 0$

(3) $(x+3)^2 + y^2 = 44$　　$2x + y - 10 = 0$

２５．次の点から円 $x^2 + y^2 = 9$ に引いた接線の方程式を求めよ．
(1) $(4, 0)$　　　　　　　　(2) $(3, 5)$
(3) $(0, 6)$　　　　　　　　(4) $(-3, -3)$

２６．円 $x^2 + y^2 = 25$ の接線で、傾きが $\sqrt{3}$ であるものの方程式を求めよ．

２７．直角三角形において、$\angle C = 90°$、$\angle B = 60°$、$AB = 4$ である．$\angle C$ の2等分線が辺 AB と交わる点を D とする．BD の長さを求めよ．

２８．図のように、$\triangle ABC$ において、$AB = 8$, $AC = 6$, $BC = 7$ である．頂点 A における内角および外角の2等分線が辺 BC との交点はそれぞれ P、Q とする．PC と QC の長さを求めよ．

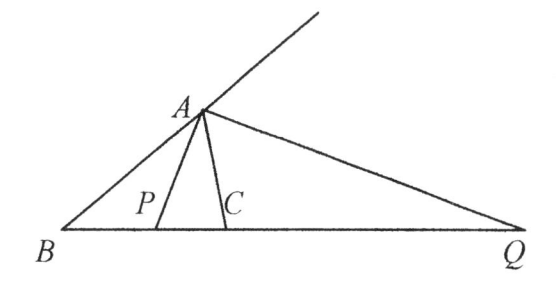

２９．斜辺 $AB = 12$ の直角二等辺三角形 ABC の重心を G とするとき、CG の長さを求めよ．

３０．D、E、F はそれぞれ $\triangle ABC$ の 3 辺 BC、AB、AC 上の点である．3 直線 AD、CE、BF が 1 点で交わっている．次の問に答えよ．

（1） $AE:EB = 3:2$，$BD:DC = 3:4$ のとき、$CF:FA$ を求めよ．

（2） $BD:DC = 1:4$、点 F は AC の中点のとき、$AE:EB$ を求めよ．

３１．次の図において、QA の長さを求めよ．

（1） $AR = 5$，$AB = 7$，$PB = 6$，$PC = 10$，$CQ = 2$

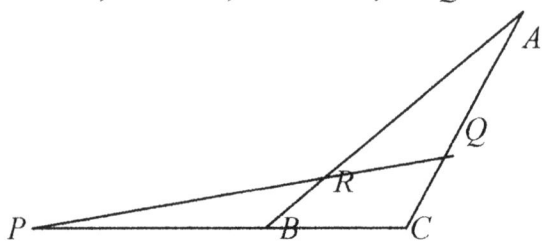

（2） $AR = 2$，$AB = 2$，$AC = 4$，$PB = 6$，$BC = 3$

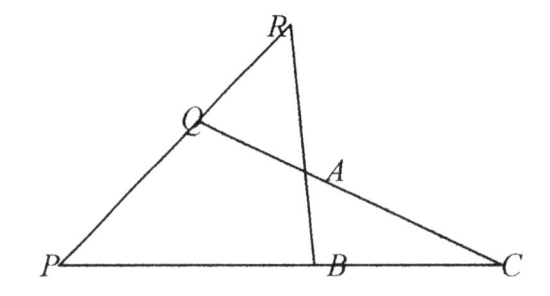

練習 B

1．下の図の△ABCにおいて、点Aから下ろした垂直線と辺BCとの交点をD、点は辺BC上の点である．$AB = 2$，$B = 60°$，$\angle AEB = 45°$，$\angle ACE = 30°$ のとき、$\sin 75°, \sin 15°$ の値を求めよ．

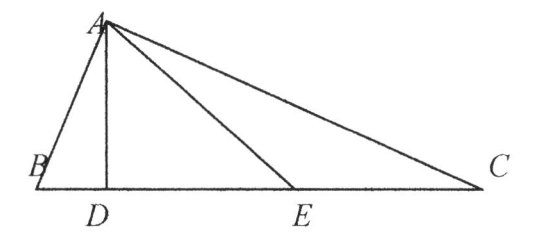

2．△ABCにおいて、等式 $\sin A : \sin B : \sin C = 8 : 7 : 3$ が成り立つとき、$a:b:c$ を求めよ．

3．△ABCにおいて、$a = 1$，$b = \sqrt{2}$，$c = \dfrac{\sqrt{6}+\sqrt{2}}{2}$ のとき、次の問に答えよ．

（1）$\angle A$，$\angle B$，$\angle C$ を求めよ．

（2）△ABCは鋭角三角形、直角三角形、鈍角三角形のいずれであるか．

4．△ABCにおいて、$b = \dfrac{3}{2}$，$c = 1$，$a = t$ であるとき、次の問に答えよ．

（1）$\cos A$ を t で表せ．

（2）$90° < A \leq 120°$ となるように、t の値の範囲を求めよ．

5．△ABCにおいて、等式 $\dfrac{\sin A}{\sin B} = \dfrac{\cos A}{\cos B}$ が成り立つとき、三角形はどのような三角形であるかを調べよ．

6．△ABCにおいて、$a:b:c = 3:4:6$ であるとき、$\cos A : \cos B : \cos C$ を求めよ．

7．△ABCにおいて、$\sin A : \sin B : \sin C = 13:7:8$ であるとき、$a:b:c$ を求めよ．

8．図のように、△ABCにおいて、∠Aの2等分線とBCとの交点をDとする．∠A = 60°, AB = 3, AC = 5であるとき、ADの長さを求めよ．

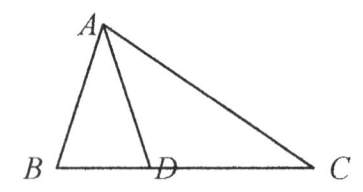

9．図のように、四角形ABCDが円に内接している．AB = 8, AC = 7, BD = DC = 4, ∠BDC = θ であるとき、次の問に答えよ．
（1）BCの長さを求めよ．
（2）$\cos\theta$ の値を求めよ．
（3）四角形ABCDの面積を求めよ．

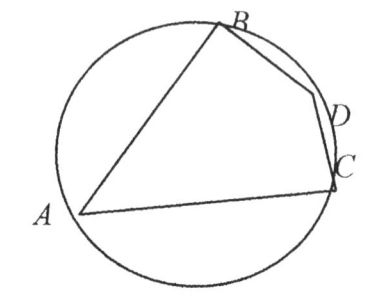

10．△ABCにおいて、$a+b+c = 2s$ とするとき、$\sin^2 A = \dfrac{4s(s-a)(s-b)(s-c)}{b^2 c^2}$ となることを示せ．

11．2点$A(-17)$, $B(-5)$を結ぶ線分ABを5:3に内分する点をE、5:3に外分する点をFとする．点Aは線分EFをどのような比に外分するか．

12．2点$A(-7)$, $B(-5)$に対して、$AC = 2CB$ となる点Cの座標を求めよ．

13．2点$A(-3, 4)$, $B(1, 2)$がある．点Cをx軸上に$AC = 2CB$となるように取るとき、点Cのx座標を求めよ．

14．次の異なる3点が同一直線上にあるように、定数xを求めよ．

（1）$(-1, -3)$　　$(3, 7)$　　$\left(x+1, \dfrac{5}{2}x+2\right)$

（2）$(-5, -8)$　　$(x, 1)$　　$(x+5, 2)$

１５．直線 $ax+by=ab$ 上の２点 $A(0,a)$、$B(b,0)$ と原点 O を頂点とする $\triangle ABO$ の面積 S について、次の問に答えよ．ただし、a、b は正の定数とする．

（１）面積 S を a、b を用いて表せ．

（２）この直線が点 $\left(\dfrac{15}{2}, -\dfrac{1}{2}\right)$ を通り、面積 $S=6$ のとき、a、b の値を求めよ．

１６．直線 $(k+1)x+(2k-7)y=k+19$ は、定数 k がどのような値をとってもある定点を通る．その定点の座標を求めよ．

１７．２直線 $(a+3b)x+2by-6=0$、$(a-b)x+by+5b-8=0$ について、次の問に答えよ．

（１）２直線が平行であるとき、定数 a、b の間に成り立つ関係を求めよ．

（２）２直線が一致であるとき、定数 a、b の値を求めよ．

１８．$\triangle OAB$ の３頂点の座標はそれぞれ $O(0,0)$、$A(x_1,y_1)$、$B(x_2,y_2)$ とするとき、この $\triangle OAB$ の面積 $S=\dfrac{1}{2}|x_1 y_2 - x_2 y_1|$ であることを示せ．

１９．１８の結果を用いて、３頂点の座標はそれぞれ $O(0,0)$、$A(4,-1)$、$B(2,2)$ の三角形の面積を求めよ．

２０．次の円の方程式を求めよ．

（１）２点 $(4,-5)$、$(2,3)$ を直径の両端とする円

（２）点 $(3,-3)$ を通り、両座標軸に接する円

（３）中心が直線 $3x-y+1=0$ 上にあり、２点 $(0,4)$、$(\sqrt{5},3)$ を通る円

２１．次の２つの円の交点を求めよ．

（１）$x^2+y^2=25$　　　$(x-5)^2+y^2=25$

（２）$(x+2)^2+(y-3)^2=17$　　　$(x-4)^2+(y-9)^2=29$

２２．中心を $A(a,b)$ とする円が、直線 $x-y+3=0$ と点 B で接している．このとき、次の問に答えよ．
　（１）直線 AB の方程式を求めよ．
　（２）点 B の座標を求めよ．

２３．円 $(x-1)^2+(y-3)^2=2$ の周上の点 $(0,2)$ における接線の方程式を求めよ．

２４．２直線 $2x-y-1=0$ と直線 $3x+y-9=0$ の交点を通り、直線 $x=y$ に平行するまたは垂直する直線の方程式を求めよ．

２５．円 $x^2+y^2=4$ と円 $x^2+y^2-4x+2y+4=0$ について、次の問に答えよ．
　（１）２つの円の交点を通る直線の方程式を求めよ．
　（２）２つの円の交点と原点を通る円の方程式を求めよ．

２６．平行四辺形 $ABCD$ において、辺 AB、CD の中点をそれぞれ E、F とし、線分 ED および BF と対角線 AC との交点を M、N とするとき、次の問に答えよ．
　（１）$ED/\!/FB$ であることを示せ．
　（２）M、N は AC の３等分点であることを示せ．

２７．図のように、$\triangle ABC$ において、$AB=5$、$CB=6$、$CA=4$ とする．$\angle A$ と $\angle B$ の２等分線が辺 BC と辺 AC との交点はそれぞれ D、F であり、BE が AD と交わる点を E とするとき、次の問に答えよ．
　（１）BD の長さを求めよ．
　（２）$AE:AD$ を求めよ．

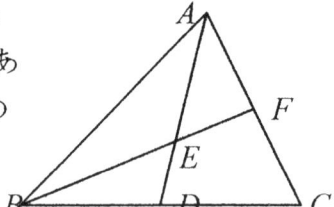

２８．$\triangle ABC$ において、$\angle A$ と $\angle B$ の２等分線が、対辺との交点はそれぞれ E、F とする．$EF/\!/CB$ であれば、$\triangle ABC$ は２等辺三角形であることを示せ．

２９．△ABCについて、頂点AとBから対辺に垂線を下ろし、対辺との交点はそれぞれD、Fとし、垂心をHとする．ADの延長線が外接円と交わる点をEとするとき、次のことが成り立つことを示せ．

　（１）△FBC∽△HBD　　　　　　　（２）HD : HE = 1 : 2

３０．△ABCにおいて、AB : AC = 2 : 1である．∠Aの2等分線と対辺との交点をD、ACを2 : 1に内分する点をEとする．ADとEBとの交点をP、CPとABとの交点をFとするとき、次の問に答えよ．

　（１）DC : BDを求めよ．

　（２）$AF = \dfrac{1}{2}AB$であることを、チェバの定理を用いて示せ．

３１．△ABCにおいて、AB = ACである．BD = CEとなるように点Dを辺AB上に、点Eを辺ACの延長線上に取る．DEとBCとの交点をFとすると、DF = FEであることを、メネラウスの定理を用いて示せ．

練習 C

1．3直線 $l: x-2y+8=0$, $m: x+y-1=0$, $n: ax+y-5=0$ が三角形を作らないように定数 a の値を定めよ． [97 愛知大]

2．2直線 $3x-4y+3=0, 4x+3y-6=0$ のなす角の2等分線の方程式を求めよ． [98 中部大]

3．k を任意の実数とする．方程式 $(2k-1)x+(k-2)y-3k+3=0$ の表す直線について
（1）この直線は k が変化しても常に定点を通る．その座標を求めよ．

（2）その定点と直線 $2y-ax+1=0 \, (a>0)$ との距離が $\sqrt{2}$ のとき、a の値を求めよ． [98 兵庫大]

4．平面の3点 $O(0,0)$、$A(63,0)$、$B(15,20)$ に対し、三角形 OAB の次の点の座標を、それぞれ求めよ．
（1）重心（ア☐　イ☐）　　（2）外心（ウ☐　エ☐）
（3）内心（オ☐　カ☐）　　（4）垂心（キ☐　ク☐）
[01 立命館大]

5．2点 $A(4,0)$、$B(0,2)$ を考える．線分 AB 上の点 P と x 軸上の点 Q が $\angle OPB = \angle QPA$ (O：原点) を満たしている．直線 OP の傾きを m として、Q の x 座標を m を用いて表せ． [98 東北大]

6．3直線 $ax+y-a=0 \cdots$①, $x-ay+a(a+1)=0 \cdots$②, $(a+1)x+y-a-1=0 \cdots$③ により囲まれた三角形の面積 S を a の式で表せ．ただし、a は実数とする． [01 産業医大]

7．円 $(x-2)^2+(y-1)^2=2$ によって、直線 $x+y-k=0$ が切り取られてできる線分の長さが2とあるとき、k の値を求めよ． [01 名城大]

8．直線 $y=x+k$ が放物線 $y=x^2$ によって切り取られてできる線分の長さが3以下であるときの k の値の範囲を求めよ．
　　　　　　　　　　　　　　　　　　　　　　　　　　　　　　　　[98　共立女子大]

9．y 軸上の点 P から、円 $(x-4)^2+(y-1)^2=9$ に2本の接線を引いたところ、この2本は直交した．このとき、点 P の座標を求めよ．
　　　　　　　　　　　　　　　　　　　　　　　　　　　　　　　　[94　津田塾大]

10．点 $(0,0)$ を中心とし、半径2の円を A、点 $(4,0)$ を中心とし、半径1の円を B とする．A と B に共通な接線の方程式を求めよ．
　　　　　　　　　　　　　　　　　　　　　　　　　　　　　　　　[01　新潟大]

11．1辺の長さが a の正四面体 $ABCD$ において
　（1）隣り合う2つの面のなす角を θ とするときの $\cos\theta$ の値を求めよ．
　（2）四面体の体積 V を a を用いて表せ．
　　　　　　　　　　　　　　　　　　　　　　　　　　　　　　　　[97　神戸女子学院大]

第6章

数列(すうれつ)

級数(きゅうすう)

1. 等差数列、等比数列
(Arithmetic & Geometric Progression)

I、等差数列(Arithmetic Progression)

(1) 一般項(General Term)：$a_n = a_1 + (n-1)d$

(2) 初項(First Term)から第n項までの和(Sum)：
$$S_n = \frac{n\{2a_1 + (n-1)d\}}{2} = \frac{n(a_1 + a_n)}{2}$$

問題6.1、次の計算をせよ．

(1) 等差数列 $8, 5, 2, \cdots$ の第20項を求めよ．

(2) 等差数列 $3, 7, 11, \cdots$ の第10項を求めよ．

(3) 等差数列 $2, 9, 16, \cdots$ の第n項を求めよ．

(4) 等差数列 $0, -3\frac{1}{2}, -7, \cdots$ の第$n+1$項を求めよ．

例題6.1　第5項が28、第15項が-2の等差数列の初項、公差と一般項a_nを求めよ．また、第200項を求めよ．

> 解：この等差数列の初項をa、公差をdをすると、
> $$a_5 = a + (5-1)d 、 a_{15} = a + (15-1)d$$
> したがって、$\begin{cases} a + 4d = 28 \\ a + 14d = -2 \end{cases}$
> これを解いて、$d = -3$、$a = 40$．
> よって、初項は40、公差は-3である．
> 一般項は、$a_n = 40 + (n-1) \times (-3) = -3n + 43$．
> また、第200項は、$a_{200} = -3 \times 200 + 43 = -557$．

問題6.2、等差数列$\{a_n\}$について

(1) 公差$d = -\frac{1}{3}$、第7項$a_7 = 8$、初項を求めよ．

(2) 初項 $a_1 = 12$、第6項 $a_6 = 27$、公差を求めよ．

(3) 初項 $a_1 = 3$、第 n 項 $a_n = 21$、公差 $d = 2$、項数 n を求めよ．

(4) 第4項 $a_4 = 10$、第7項 $a_7 = 19$、初項と公差を求めよ．

例題6.2　2桁の自然数のうち、7で割ると3余る数の和を求めよ．

解：10以上の自然数のうち、7で割ると3余る数を順に並べた数列 $\{a_n\}$ は、初項17、公差7の等差数列だから、
$$a_n = 17 + (n-1) \times 7 = 7n + 10$$
$7n + 10 \leq 99$ を満たす最大の自然数を求めると、$n = 12$．だから、2桁となる最大の a_n は、$a_{12} = 94$．

したがって、求める和 S は、初項17、末項94、項数12の等差数列の和である．
よって、
$$S = \frac{12 \times (17 + 94)}{2} = 666$$

問題6.3、次の等差数列の和を求めよ．

(1) $a_1 = 5$、$a_n = 95$、$n = 10$

(2) $a_1 = 100$、$d = -2$、$n = 50$

(3) $a_1 = \frac{2}{3}$、$a_n = -\frac{3}{2}$、$n = 14$

(4) $a_1 = 14.5$、$d = 0.7$、$a_n = 32$

II、等比数列(Geometric Progression)

(1) 一般項：$a_n = ar^{n-1}$

(2) 初項から第 n 項までの和：$S_n = \begin{cases} \dfrac{a(1-r^n)}{1-r} & (r \neq 1) \\ na & (r = 1) \end{cases}$

問題6.4、次の等比数列の第5項を求めよ．

(1) $5, -15, 45, \cdots$　　　　　(2) $1.2, 2.4, 4.8, \cdots$

等差数列、等比数列

(3) $\dfrac{2}{3}, \dfrac{1}{2}, \dfrac{3}{8}, \cdots$ (4) $\sqrt{2}, 1, \dfrac{\sqrt{2}}{2}, \cdots$

例題 6.3 第2項が6、第4項が24である等比数列 $\{a_n\}$ の初項と公比を求めよ．また、第20項を求めよ．

解：この等比数列の初項を a、公比を r をすると、
$$a_2 = ar 、 a_4 = ar^3$$
したがって、$\begin{cases} ar = 6 \\ ar^3 = 24 \end{cases}$

これから、$r^2 = 4$、つまり、$r = \pm 2$．

$r = 2$ のとき、
$$ar = 6 \text{ から、} a = 3$$
このとき、$a_{20} = ar^{19} = 3 \times 2^{19} = 1572864$．

$r = -2$ のとき、
$$ar = 6 \text{ から、} a = -3$$
このとき、$a_{20} = ar^{19} = -3 \times (-2)^{19} = 1572864$．

よって、次の2通りの場合がある．
初項 3、公比 2、第10項 1572864
初項 -3、公比 -2、第10項 1572864

問題 6.5、等比数列 $\{a_n\}$ について

(1) 第9項 $\dfrac{4}{9}$、公比 $-\dfrac{1}{3}$、初項を求めよ．

(2) 第2項 10、第3項 20、初項と第4項を求めよ．

(3) 第2項 2、第5項 54、公比を求めよ．

(4) 初項 1、第 n 項 256、公比 2、n を求めよ．

例題 6.4 第2項が2で、初項から第3項までの和が7である等比数列 $\{a_n\}$ の初項と公比を求めよ．

解：この等比数列の初項をa、公比をrをすると、

$$a_2 = ar、a_1 + a_2 + a_3 = a + ar + ar^2$$

したがって、$\begin{cases} ar = 2 \\ a(1+r+r^2) = 7 \end{cases}$

この2つの式を割ると、

$$\frac{1+r+r^2}{r} = \frac{7}{2}$$
$$2r^2 - 5r + 2 = 0$$

$(2r-1)(r-2) = 0$ より、$r = \frac{1}{2}$、2．

$r = \frac{1}{2}$のとき、$a = 4$、 $r = 2$のとき、$a = 1$

よって、次の2通りの場合がある．

初項4、公比$\frac{1}{2}$、 または、初項1、公比2．

問題6.6、次の等差数列$\{a_n\}$の和S_nを求めよ．

（1） $a_1 = 3$、$r = 2$、$n = 6$

（2） $a_1 = 2.4$、$r = -1.5$、$n = 5$

（3） $a_1 = 8$、$r = \frac{1}{2}$、$n = 5$

（4） $a_1 = -2.7$、$r = -\frac{1}{3}$、$n = 6$

2. いろいろな数列

I、和の記号 Σ

> コメント：
> Σ 是表示 n 个数的和后面的表示所求数列的通式.
> Σ는 무한급수를 말하며 그 뒤에 놓이는 식은 무한급수의 일반항을 말한다.
> Σ is used to show the numbers of N and the nominals behind it.

（1）（ア）$a_1 + a_2 + a_3 + \cdots + a_n = \sum_{k=1}^{n} a_k$

（イ）$\sum_{k=1}^{n}(a_k + b_k) = \sum_{k=1}^{n} a_k + \sum_{k=1}^{n} b_k$

（ウ）$\sum_{k=1}^{n} ca_k = c\sum_{k=1}^{n} a_k$ （c：定数）

問題 6.7、次の和を記号 Σ を使って表せ．
（1）$2 + 6 + 18 + \cdots + 486$
（2）$1\cdot 3 + 3\cdot 5 + 5\cdot 7 + \cdots + (2n-1)(2n+1)$

例題 6.5　$\sum_{k=1}^{5}(3k-2) = 1 + 4 + 7 + 10 + 13$

> コメント：
> $\sum_{k=1}^{5}$ 表示的是当 K 的值从 1 到 5 时得到 5 个不同的数的和.
> $\sum_{k=1}^{5}$ 는 K가 1부터 5까지로 변할때 대응되는 부동한 수들의 합이다.

> $\sum_{k=1}^{5}$ Indicates that when K is from 1 to 5, the total number of these 5 diffirent numbers.

例題6.6 $\sum_{k=1}^{n} k^2 = 1^2 + 2^2 + 3^2 + \cdots + n^2$

例題6.7 $\sum_{k=3}^{7}(3k-2) = 7 + 10 + 13 + 16 + 19$

例題6.8 $\sum_{k=1}^{n}(2k-1) = \sum_{k=1}^{n} 2k - \sum_{k=1}^{n} 1 = 2\sum_{k=1}^{n} k - \sum_{k=1}^{n} 1 = 2 \times \frac{1}{2}n(n+1) - n = n^2$

問題6.8、次の和を求めよ．

(1) $\sum_{k=1}^{6}(k^2 - 2)$ (2) $\sum_{k=2}^{5}(4^k)$ (3) $\sum_{k=1}^{n}(2k-1)$

(2) (ア) $\sum_{k=1}^{n} c = cn$ （c：定数）

(イ) $\sum_{k=1}^{n} k = \frac{1}{2}n(n+1)$

$\sum_{k=1}^{n} k^2 = \frac{1}{6}n(n+1)(2n+1)$

$\sum_{k=1}^{n} k^3 = \left\{\frac{1}{2}n(n+1)\right\}^2$

(ウ) $\sum_{k=1}^{n} r^{k-1} = \frac{1-r^n}{1-r}$ ($r \neq 1$)

例題6.9 数列 $1\cdot 3$、$2\cdot 4$、$3\cdot 5$、……、$n(n+2)$ の和を求めよ．

いろいろな数列

解： $1 \cdot 3 + 2 \cdot 4 + 3 \cdot 5 + \cdots\cdots + n(n+2) = \sum_{k=1}^{n} k(k+2) = \sum_{k=1}^{n}(k^2 + 2k)$

$$= \sum_{k=1}^{n} k^2 + 2\sum_{k=1}^{n} k$$

$$= \frac{1}{6}n(n+1)(2n+1) + n(n+1)$$

$$= \frac{1}{6}n(n+1)\{(2n+1) + 6\}$$

$$= \frac{1}{6}n(n+1)(2n+7)$$

コメント：
把数列的通式找出来然后用 Σ 的性质计算.

수열의 일반항을 찾아내고 무한급수의 성질에 따라 계산한다.

Having found the common formula of progression, please use the quality of Σ to calculate.

問題 6.9、次の数列の和を求めよ.
(1) $1 \cdot 3$、$2 \cdot 4$、$\cdots$、$n(n+2)$
(2) $1 \cdot 2$、$3 \cdot 4$、$\cdots$、$(2n-1) \cdot 2n$
(3) $1 \cdot 2 \cdot 3$、$2 \cdot 3 \cdot 4$、$\cdots$、$n(n+1)(n+2)$

3. 二項定理、多項定理

Ⅰ、二項定理(Binomial Theorem)

$$(a+b)^n = {}_nC_0 a^n + {}_nC_1 a^{n-1}b + \cdots + {}_nC_k a^{n-k}b^k + \cdots + {}_nC_n b_n = \sum_{k=1}^{n} {}_nC_k a^{n-k}b^k$$

例題 6.10 $(2a+b)^4$ を二項定理と用いて展開せよ.

解：$(2a+b)^4 = {}_4C_0(2a)^4 + {}_4C_1(2a)^3 b^1 + {}_4C_2(2a)^2 b^2 + {}_4C_3(2a)^1 b^3 + {}_4C_4 b^4$

$= 16a^4 + 32a^3b + 24a^2b^2 + 8ab^3 + b^4$

問題 6.10、次の式を展開せよ.

(1) $(a+b)^6$

(2) $(a-b)^5$

(3) $(a+2b)^4$

(4) $\left(a+\dfrac{1}{3}\right)^6$

パスカルの三角形(Pascal's Triangle)

```
n=1                    1    1
n=2                 1    2    1
n=3              1    3    3    1
n=4           1    4    6    4    1
n=5        1    5   10   10    5    1
n=6     1    6   15   20   15    6    1
```

Ⅱ、多項定理(Multinomial Theorem)

$(a+b+c)^n$ の展開式における $a^p b^q c^r$ の係数は $\dfrac{n!}{p! \cdot q! \cdot r!}$

問題 6.11、

（1） $(x^2+x+1)^5$ の展開式における x^4 の係数を求めよ.

（2） $(a+b+c)^{10}$ の展開式における $a^2b^5c^3$ の係数を求めよ.

（3） $(3x^2-2y)^5$ の展開式における x^4y^3 の係数を求めよ.

章末練習

練習 A

1. 第 n 項 a_n が次のように表される数列の初項から第5項までを書け．
   (1) $a_n = 2n + 5$
   (2) $a_n = (n+1)^3$
   (3) $a_n = (-2)^n$
   (4) $a_n = \dfrac{1}{n}$
   (5) $a_n = \dfrac{1+(-1)^n}{2}$

2. 次の等差数列 $\{a_n\}$ の一般項を求めよ．
   (1) 第2項が8、第6項が36
   (2) 第4項が12、第8項が20
   (3) 第4項が -9、第16項が39
   (4) 第7項が4、第12項が -11
   (5) 第10項が -12、第17項が -33

3. 数列 $\{a_n\}$、$\{b_n\}$ の一般項がそれぞれ $a_n = 4n+5$、$b_n = -2n+1$ で表される数列である時、次の問に答えよ．
   (1) 数列 $\{a_n\}$ が等差数列であることを示し、その公差を求めよ．
   (2) 次の式で定められる数列 $\{c_n\}$ もそれぞれ等差数列であることを示し、その公差を求めよ．
   　　(i) $c_n = 2a_n$　　(ii) $c_n = a_n + b_n$　　(iii) $c_n = 2a_n + 3b_n$

4．次の等差数列の和を求めよ．
　（1）初項2、末項70、項数12
　（2）初項60、末項-8、項数10
　（3）初項-41、末項83、項数16
　（4）初項-10、末項-29、項数18

5．次の等差数列の項数を求めよ．
　（1）初項-10、公差4、和80
　（2）初項39、公差-3、和0

6．次の等比数列の一般項を求めよ．
　（1）4、16、64、256、…　　　　　　（2）4、12、36、108、…
　（3）1、-2、4、-8、…　　　　　　　（4）4、-12、36、-108、…
　（5）24、12、6、3、…　　　　　　　（6）5、$-\dfrac{5}{2}$、$\dfrac{5}{4}$、$-\dfrac{5}{8}$、…

7．$a_n = 2^n$、$b_n = 3^n$ とするとき、次の式で定められる数列 $\{c_n\}$ は等比数列であるかどうか調べよ．また、等比数列であるときは、その公比を求めよ．
　　　（1）$c_n = 3a_n$　　　　（2）$c_n = a_n + b_n$　　　　（3）$c_n = a_n b_n$

8．次の等比数列 $\{a_n\}$ の一般項を求めよ．
　　（1）初項が2、第5項が162　　　　（2）初項が $\dfrac{3}{2}$、第5項が384
　　（3）第4項が40、第10項が2560　　（4）公比が-3、第7項が324

9．次の等比数列の初項から第 n 項までの和を求めよ．
　　（1）15、75、375、1875、…　　　　（2）2、-4、8、-16、…
　　（3）4、2、1、$\dfrac{1}{2}$、…　　　　　　　（4）-3、3、-3、3、…
　　（5）12、-3、$\dfrac{3}{4}$、$-\dfrac{3}{16}$、…　　　　（6）27、9、3、1、…

10．等比数列 $\{a_n\}$ において、初項から第4項までの和が80、初項から第6項までの和が728である．この数列の一般項 a_n を求めよ．

11．次の和を Σ 記号を用いずに、各項の和の形に書き表せ．

(1) $\displaystyle\sum_{k=1}^{4} 5a_k$ 　　(2) $\displaystyle\sum_{k=1}^{3}(a_k - 2b_k)$

(3) $\displaystyle\sum_{k=1}^{4}(a_k + b_k)$ 　　(4) $\displaystyle\sum_{k=2}^{5} a_k a_{k+1}$

12．次の和を Σ 記号を用いて表せ．

(1) $1^2 + 2^2 + 3^2 + \cdots + 15^2$

(2) $1\cdot 2 + 2\cdot 3 + 3\cdot 4 + \cdots + 9\cdot 10$

(3) $1 + 3 + 5 + \cdots + (2n-1)$

(4) $3^2 + 3^3 + 3^4 + \cdots + 3^n$

13．次の和を求めよ．

(1) $\displaystyle\sum_{k=1}^{n}(2k+5)$ 　　(2) $\displaystyle\sum_{k=1}^{n}(3-4k)$

(3) $\displaystyle\sum_{k=1}^{n}(k^2 + k)$ 　　(4) $\displaystyle\sum_{k=1}^{n}(2k^2 - 4k + 3)$

(5) $\displaystyle\sum_{k=1}^{n} k(3k-7)$ 　　(6) $\displaystyle\sum_{k=1}^{n}(4k+1)(k-1)$

(7) $\displaystyle\sum_{k=1}^{n}(k^3 + 3k)$ 　　(8) $\displaystyle\sum_{k=1}^{n} k^2(2k-3)$

14．次の式を Σ 記号を用いて表し、その和を求めよ．

(1) $1 + 3 + 5 + \cdots + (2n-1)$

(2) $1\cdot 2 + 2\cdot 5 + 3\cdot 8 + \cdots + n(3n-1)$

(3) $1\cdot 2 + 2\cdot 3 + 3\cdot 4 + \cdots + (2n-1)\cdot 2n$

(4) $1\cdot 3 + 3\cdot 5 + 5\cdot 7 + \cdots + (2n-1)(2n+1)$

(5) $1^2 + 3^2 + 5^2 + \cdots + (2n-1)^2$

(6) $2 \cdot 1^2 + 3 \cdot 2^2 + 4 \cdot 3^2 + \cdots + (n+1) \cdot n^2$

(7) $1 \cdot 2 \cdot 3 + 2 \cdot 3 \cdot 5 + 3 \cdot 4 \cdot 7 + \cdots + n(n+1)(2n+1)$

練習 B

1．数列 6、4、3、… において、各項の逆数をとると等差数列になる．このとき、この等差数列の第 7 項を求めよ．

2．次の問に答えよ．
 （1）第 5 項が 70、第 15 項が 30 の等差数列では、第何項が初めて負となるか．
 （2）第 2 項が -4、第 10 項が 20 の等差数列では、第何項が初めて 250 を超えるか．

3．3 つの数 x、y、3 がこの順で等差数列をなし、この 3 つの数の和が 24 であるとき、定数 x、y の値を求めよ．また、公差を求めよ．

4．等差数列をなす 3 つの数がある．その和は 15 で、平方の和は 107 である．この 3 つの数を求めよ．

5．初項 188、公差 -8 の等差数列において、初項から第何項までの和が最大となるか．

6．等差数列 $\{a_n\}$、$\{b_n\}$ の一般項がそれぞれ $a_n = 3n+1$、$b_n = 2n-1$ であるとき、この 2 つの数列に共通に含まれる項を並べてできる数列の一般項を求めよ．また、この数列の初項から第 15 項までの和を求めよ．

7．次の等比数列の一般項を求めよ．
 （1）$\sqrt{6}$、$3\sqrt{2}$、$3\sqrt{6}$、$9\sqrt{2}$、…
 （2）$\sqrt{5}$、$-\sqrt{5}$、$\sqrt{5}$、$-\sqrt{5}$、…

8．次の等比数列の初項から第 n 項までの和を求めよ．ただし、$a \neq 0$ とする．
 （1）1、$2a$、$4a^2$、$8a^3$、…
 （2）a、$-a^2$、a^3、$-a^4$、…

9．等比数列 $\{a_n\}$ の初項を a_1、公比を r とするとき、式 $a_1a_2 + a_2a_3 + a_3a_4 + \cdots + a_na_{n+1}$ を a_1 と r で表せ．

10．ある等比数列の初項から第n項までの和をS_1、第$(n+1)$項から第$2n$項までの和をS_2、第$(2n+1)$項から第$3n$項までの和をS_3とするとき、$(S_2)^2 = S_1 \cdot S_3$であることを示せ．

11．次の和を求めよ．

(1) $\displaystyle\sum_{k=1}^{n} 5^k$ 　　　　(2) $\displaystyle\sum_{k=1}^{n} \left(-\frac{1}{2}\right)^{k-1}$

(3) $\displaystyle\sum_{k=1}^{n} (2^k - k)$ 　　　(4) $\displaystyle\sum_{k=2}^{n-1} (3k^2 - 8k + 1)$

12．数列1、1+3、1+3+5、1+3+5+7、…について、次の問に答えよ．
(1) 第k項をΣ記号を用いて表せ．
(2) 初項から第n項までの和S_nを求めよ．

13．次の数列の初項から第n項までの和を求めよ．
　　1、2+3、3+4+5、4+5+6+7、…

練習C

1．初項5で公差7の等差数列と、初項6で公差4の等差数列に共通な項のうちで、2000以下のものの和を求めよ． 〔98 昭和女子大〕

2．数列$\{a_n\}$を初項1、公比rの等比数列とし、数列$\{b_n\}$を初項1、公比sの等比数列とする．第n項が$x_n = a_n + b_n \,(n=1,2,3,\cdots)$で与えられる数列$\{x_n\}$を考える．$x_2 = 2$、$x_4 = 14$のとき、
　（1）r、sの値を求めよ．ただし、$r > s$とする．
　（2）すべての自然数nについて、$x_{n+2} = 2x_{n+1} + x_n$が成り立つことを示せ．
〔97 大阪大〕

3．（1）等差数列$\{a_n\}$がある．r、s、tを互いに異なる自然数とする時、a_rとa_sおよびr、s、tを用いてa_tを表す式を作れ．
　　（2）逆に（1）で求めた関係式が互いに異なる任意のr、s、tについて成り立つならば、$\{a_n\}$は等差数列であることを示せ． 〔95 図書館情報大〕

4．数列$\{x_n\}$を$x_n = -an^2 + bn + c$、$n = 1, 2, 3, \cdots$ によって定める．このとき、次の2つの条件(A)、(B)を満たす自然数a、b、cの値を求めよ．
　(A)　4、x_1、x_2はこの順で等差数列である．
　(B)　すべての自然数nに対して$\left(\dfrac{x_n + x_{n+1}}{2}\right)^2 \geq x_n x_{n+1} + 1$が成り立つ．

〔95 京都大〕

5．nを自然数とする．次のものを求めよ．
　（1）$S_n = 1^2 + 3^2 + 5^2 + \cdots + (2n-1)^2$　　　（2）$T_n = \dfrac{1}{S_1} + \dfrac{2}{S_2} + \dfrac{3}{S_3} + \cdots + \dfrac{n}{S_n}$
〔94 東北学院大〕

6．数列$\{a_n\}$の初項から第n項までの和が$S_n = 3n^2 - 90n \,(n \geq 1)$で与えられている時、$a_{10}$

を求めよ．また、最初の30項の絶対値の平均 $\dfrac{1}{30}\sum_{n=1}^{30}|a_n|$ を求めよ．

〔00 青山学院大〕

7．数列 $\{\alpha_n\}$ を初項 $\dfrac{4}{5}$、公比 2 の等比数列、数列 $\{\beta_n\}$ を初項 $\dfrac{1}{5}$、公比 $-\dfrac{1}{2}$ の等比数列とする．

 （1） $n=1,2,3,4,5$ のとき、α_n の小数部分を求めよ．
 （2） $a_n=\alpha_n+\beta_n$ の小数部分 b_n を求めよ．
 （3） 数列 $\{b_n\}$ の初項から第100項までの和の整数部分を求めよ． 〔00 東北大〕

第 7 章

組合せと順列
確率

1. 個数の処理

I、和の法則(The Law of Addition)

事柄(Event) A、B があって、これらは同時に起こらないとする．A が起こり方が m 通りあり、B の起こり方が n 通りある時、A または B の起こる場合数は、$m+n$ 通りである．

例題 7.1　大小2個のさいころ(Dice)を投げる時、目(Outcomes)の和が偶数(Even Number)になる場合は何通りあるか．

> 解：目の和が偶数になるのは、次の①、②の場合のいずれかである．
> 　　　　　　① 両方の目が偶数　　② 両方の目が奇数
> ①の場合の数は、積の法則より
> $$3 \times 3 = 9 \quad (通り)$$
> ②の場合の数は、積の法則より
> $$3 \times 3 = 9 \quad (通り)$$
> ①の場合と②の場合は同時に起こらないから、求める場合の数は、和の法則より
> $$9 + 9 = 18 \quad (通り)$$

問題 7.1、二つのさいころ A、B を同時に投げるとき、目の和が5または7になるのは何通りあるか．

問題 7.2、1から200までの自然数の中に、3または5の倍数は何個あるか．

問題 7.3、ある町で調査したところ、A社保険に入っている家は20名、B社保険に入っている家は25名、両社に入っている家は10名であった．AまたはB社保険に入っている家は何名か．

II、積の法則(The Law Of Multiplication)

事柄 A、B について、A の起こり方が m 通りあり、そのおのおのの起こり方に対して、B の起こり方が n 通りある時、A、B がともに起こる場合の数は $m \times n$ 通りである．

例題 7.2　4つの都市があり、A市からB市へ通じる道が3本、B市からC市へ通じる道が2本、C市からD市へ通じる道が4本ある．このとき、A市からB市、C市を経てD市へ行く行き方は何通りあるか．

解：A市からB市へ行く道のとり方は3通りあり、B市からC市へ行く道のとり方は2通りあり、C市からD市へ行く道のとり方は4通りある．
　よって、求める行き方は積の法則により、
$$3 \times 2 \times 4 = 24 \text{（通り）}$$

問題 7.4、男子40名、女子25名のクラスで男女それぞれ(Each)1名の委員の選び方は何通りあるか．

問題 7.5、$(a+b+c)(e+f)$を展開すれば異なる項はいくつできるか．

問題 7.6、1000の正の約数は全部で何個があるか．またそれらの和を求めよ．

発展問題：

A、B、C、Dの4つの市がある。各市の間には、図のようにAB間2本、AC間3本、BD間1本、BC間2本、CD間に2本道路が走っている．

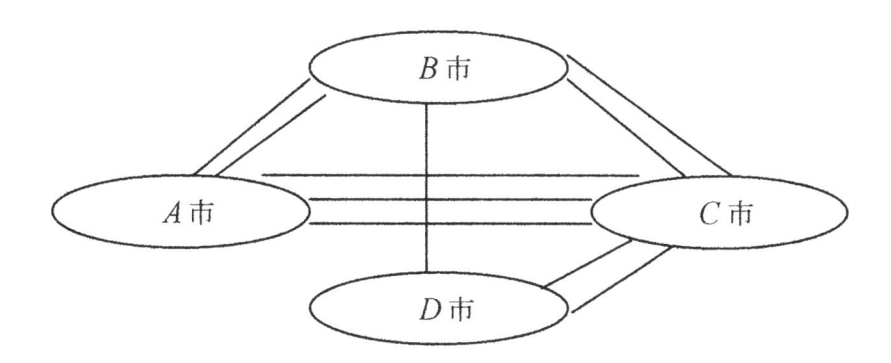

　A市から出発し、D市に至る方法は何通りあるか．ただし、同じ市は2度と通らないものとする．

2. 順列(Permutation)、組合せ(combination)

I、順列(Permutation)

(1) 異なるn個のものからr個とり一列に並べる順列の数

$$_nP_r = \underbrace{n(n-1)(n-2)\cdots(n-r+1)}_{r個} = \frac{n!}{(n-r)!} \quad (0 \leq r \leq n)$$

(2) 重複順列 $\underbrace{n \times n \times \cdots \times n}_{r個} = {}_n\Pi_r = n^r$

(3) 同じ物を含む順列 $\dfrac{n!}{p!q!r!\cdots} \quad (p+q+r+\cdots = n)$

(4) $0! = 1$

例題 7.3 10人のリレー選手の中から、第1走者、第2走者、第3走者までの3人を選ぶ選び方は何通りあるか.

解：10人の中から3人を選んで1列に並べ、1番目、2番目、3番目をそれぞれ第1走者、第2走者、第3走者とすればよい. よって、選び方は
$$_{10}P_3 = 10 \cdot 9 \cdot 8 = 720 \quad (通り)$$

例題 7.4 A、B、C、D、E、Fの6文字を1列に並べる順列の中でAとBが隣り合うような者は何通りあるか.

解：隣り合うAとBをまとめて1つのものと見なした時、順列の数は、5つのものを並べる順列の数${}_5P_5$に等しい.

その順列のおのおのに対して、A、Bの並べ方は2通りある. よって、求める順列の総数は
$$_5P_5 \times 2 = 5! \times 2 = 240 \quad (通り)$$

問題 7.7、1から9まで9個の数字から3個を取り出して、並べた順列.

問題 7.8、A、B、C、D、E の 5 枚のカードを一列に並べる順列.

問題 7.9、6 個の数字 0, 1, 2, 3, 4, 5, を用いて 3 桁の数、5 桁の数を作るとき何通りできるか. ただし同じ数字を繰り返し使うことはしない.

II、組合せ(Combination)

（1）異なる n 個のものから r 個とって得られる組合せの数

$$_nC_r = \frac{_nP_r}{r!} = \frac{n!}{(n-r)!r!}$$

（2）重複組合せ　$_nH_r = {}_{n+r-1}C_r$

（3）組合せに関する公式　$_nC_{n-r} = {}_nC_r$、$_nC_r = {}_{n-1}C_{r-1} + {}_{n-1}C_r$

例題 7.5　男子 10 人、女子 6 人の中から、男子 3 人、女子 2 人の合計 5 人の代表を選ぶ方法は何通りあるか.

> 解：男子 10 人の中から 3 人を選ぶ選び方は $_{10}C_3$ 通りあり、女子 6 人の中から 2 人を選ぶ選び方は $_6C_2$ 通りある.
>
> 従って、求める選び方は、積の法則により
>
> $$_{10}C_3 \times {}_6C_2 = \frac{10 \cdot 9 \cdot 8}{3 \cdot 2 \cdot 1} \times \frac{6 \cdot 5}{2 \cdot 1} = 1800 \quad (通り)$$

問題 7.10、男子 6 人、女子 4 人の中から、3 人を選ぶ．女子が少なくとも 1 人がいる選び方法は何通りあるか.

問題 7.11、9 人の人を 4 人に分ける方法は何通りあるか.

問題 7.12、正 10 角形の対角線は何本あるか.

3. 確率(Probability)
   かくりつ

Ⅰ、確率の用語と記号

① 事象(Event) A：実行の結果として起こる事柄を事象 A という．

② 根元事象：分けることできない事象である．

③ 余事象(Complementary Event) $\overline{A}$：A が起こらないという事象を A の余事象 $\overline{A}$ という．

④ 全事象(Whole Event) U：起こりうるすべての事象．

⑤ 空事象(Empty Event) ϕ：起こらない事象．

⑥ 和事象(Sum Event) $A \cup B$：A、B の少なくとも一方起こる事象．

⑦ 積事象(Product Event) $A \cap B$：A、B がともに起こる事象．

⑧ 確率(Probability) $P(A)$：ある試行において、すべての根元事象が同程度に確からしいとき、事象 A の起こる確率を

$$P(A) = \frac{n(A)}{n(U)}$$

$n(A)$：事象 A を構成する要素の個数．

$n(U)$：全事象の要素の個数．

⑨ 条件付確率(Conditional Probability) $P_A(B)$：2つの事象 A、B があるとき A、が起きたとき B が起きる確率．

Ⅱ、基本定理

A の起こる確立 $P(A) = \dfrac{n(A)}{n(U)}$、$0 \leq P(A) \leq 1$（$n(U)$ = 全事象の場合の数、$n(A)$ = 事象 A の起こる場合の数）

$$P(A) = \frac{事象Aの起こる場合の数}{起こりうる全ての場合の数}$$

例題 7.6 大小2個のさいころを投げる時、目の和が7となる確率を求めよ．

解：大小2個のさいころの目の出方は
$$6 \times 6 = 36 \text{ （通り）}$$
ある．そのうち、目の和が7となるのは
$$(1,6), (2,5), (3,4), (4,3), (5,2), (6,1)$$
の6通りである．

従って、求める確率は
$$\frac{6}{36} = \frac{1}{6}$$

問題 7.13、2個さいころを投げるとき
① 同じ目が出る確率を求めよ．
② 目の和が8になる確率を求めよ．
③ 目の和が3の倍数になる確率を求めよ．

例題 7.7 10本のくじの中に当たりくじが4本入っている．このくじを2本引く時、2本とも当たりくじである確率を求めよ．

解：10本のくじから2本引く時、その引き方は $_{10}C_2$ 通りある．このうち、2本とも当たりくじとなる引き方は $_4C_2$ 通りであるから、求める確率は
$$\frac{_4C_2}{_{10}C_2} = \frac{6}{45} = \frac{2}{15}$$

例題 7.8 5人がでたらめに1列に並ぶ時、特定の2人が隣り合う確率を求めよ．

解：5人が1列に並ぶ時、全部で5!通りの並び方がある．そのうち、特定の2人 A、B が隣り合う並び方はまず、A、B を1人と見なして4人が並び、次に A と B が AB および BA の順に並ぶ方法だけある．

4人が並ぶ並び方は4!通りあり、A、B が並ぶ並び方は2!通りあるから、並び方は全部で
$$4! \times 2! \text{ 通り}$$
ある．従って、求める確率は
$$\frac{4! \times 2!}{5!} = \frac{4 \cdot 3 \cdot 2 \cdot 1 \times 2 \cdot 1}{5 \cdot 4 \cdot 3 \cdot 2 \cdot 1} = \frac{2}{5}$$

問題 7.14、1, 2, 3, 4, の 4 枚のカードを左右 1 列に並べるとき、次の確率を答えよ.
   (1) 1 が左端になる確率.
   (2) 1 が左端、4 が右端にくる確率.
   (3) 2, 3 が両端に並ぶ確率.

III、余事象の定理

$$P(\overline{A}) = 1 - P(A)$$

もし問題中で「少なくとも…」とあれば、余事象定理を使うと便利になる.

例題 7.9　20 本のくじの中に当たりくじが 5 本ある. このくじを 3 本引く時、少なくとも 1 本が当たりくじである確率を求めよ.

> 解："少なくとも 1 本が当たりくじ" という事象は "3 本とも外れくじである" と言う事象 A の余事象 $\overline{A}$ である.
> 　3 本のくじの引き方は、全部で $_{20}C_3$ 通りある. また、はずれくじは 15 本であるから、事象 A の起こる場合は $_{15}C_3$ 通りある. よって、求める確率は
> $$P(\overline{A}) = 1 - P(A) = 1 - \frac{_{15}C_3}{_{20}C_3} = 1 - \frac{91}{228} = \frac{137}{228}$$

問題 7.15、5 枚のコインを投げるとき、少なくとも 1 枚裏の出る確率を求めよ.

問題 7.16、10 円コイン 1 枚と 100 円コイン 1 枚を同時に投げるとき、少なくとも 1 枚表がでる確率を求めよ.

問題 7.17、トランプ (Card) のダイヤのカード 13 枚の中から、任意に 2 枚抜き出すとき絵札 (Face Card) が少なくとも 1 枚はいっている確率を求めよ.

IV、加法定理 (Addition Theorem)
   (ア)　一般の加法定理：A, B が互いに排反でないならば、その和事象の確率は
   $$P(A \cup B) = P(A) + P(B) - P(A \cap B)$$
   (イ)　A, B が排反事象のとき、その和事象の確率は
   $$P(A \cup B) = P(A) + P(B)$$

例題 7.10　赤球4個と白球6個が入っている袋から、2個の球を取り出すとき、それらが同じ色である確率を求めよ．

解：2個とも同じ色であると言う事象は、

　　　　2個とも赤球であると言う事象 A
　　　　2個とも白球であると言う事象 B

の和事象 $A \cup B$ で表される．

　事象 A、B の確率は

$$P(A) = \frac{{}_4C_2}{{}_{10}C_2} = \frac{6}{45} = \frac{2}{15}$$

$$P(B) = \frac{{}_6C_2}{{}_{10}C_2} = \frac{15}{45} = \frac{1}{3}$$

A と B は互いに排反であるから、加法定理により求める確率は

$$P(A \cup B) = P(A) + P(B) = \frac{2}{15} + \frac{1}{3} = \frac{7}{15}$$

問題 7.18、袋の中に3個の白球と5個の黒球がある。この中から2個とり出したとき、次の確率を求めよ．

（1）ともに白球である確率．

（2）ともに黒球である確率．

（3）白球が1個黒球1個である確率．

問題 7.19、2個のさいころを同時に投げるとき、次の確率を求めよ．

（1）2つの目が同じである確率．

（2）目の和が9である確率．

（3）目の和が奇数(Odd Number)である確率．

（4）目の差が1である確率．

V、乗法定理(Multiplication Theorem)

　（ア）　一般の乗法定理　$P(A \cap B) = P(A) \cdot P_A(B)$

　（イ）　独立事象の乗法定理　$P_A(B) = P(B)$ のとき、A、B は独立で
　　　　　　$P(A \cap B) = P(A) \cdot P(B)$

　（ウ）　$P_A(B) \neq P(B)$ のとき、A、B は従属事象で

確率

$$P(B) = P(A)P_A(B) + P(\overline{A})P_{\overline{A}}(B)$$

例題 7.11 ジョーカーを除いた1組52枚のトランプから a、b の2人が、この順に1枚ずつカードを引く。このとき、a、b が、ともにハートのカードを引く確率を求めよ。但し、引いたカードは元に戻さない者とする。

解：a、b がハートのカードを引く事象をそれぞれ A、B とすれば、

$$P(A) = \frac{13}{52}、\quad P_A(B) = \frac{13-1}{52-1} = \frac{12}{51}$$

であるから、乗法定理により、

$$P(A \cap B) = P(A) \cdot P_A(B) = \frac{13}{52} \times \frac{12}{51} = \frac{1}{17}$$

VI、反復試行の確率

n 回の反復試行中、事象 A が r 回起こる確率 ${}_nC_r p^r (1-p)^{n-r}$（p は1回の試行で事象 A の起こる確率）

4. 期待値（平均値）$E(X)$

確率変数 X のとる値が x_1、x_2、……、x_n で、それぞれの値をとる確率が p_1、p_2、……、p_n のとき、

$$E(X) = \sum_{k=1}^{n} x_k p_k = x_1 p_1 + x_2 p_2 + \cdots + x_n p_n$$

例題 7.12　10個の品物の中に2個の不良品が入っている．この中から2個取り出すとき、これに含まれている不良品の個数を X とする．X の平均を求めよ．

解：X の値は、0、1、2 であり、それぞれの確率は

$$P(X=0) = \frac{{}_8C_2}{{}_{10}C_2} = \frac{28}{45}$$

$$P(X=1) = \frac{{}_2C_1 \times {}_8C_1}{{}_{10}C_2} = \frac{16}{45}$$

$$P(X=2) = \frac{{}_2C_2}{{}_{10}C_2} = \frac{1}{45}$$

従って、X の平均は

$$E(X) = 0 \times \frac{28}{45} + 1 \times \frac{16}{45} + 2 \times \frac{1}{45} = \frac{18}{45} = \frac{2}{5}$$

章末練習

練習 A

1. 次の値を求めよ.
   (1) $_3P_3$ (2) $_5P_3$ (3) $_7P_3$ (4) $_8P_5$
   (5) $_6P_4$ (6) $_9P_1$ (7) $_7P_7$ (8) $_{100}P_1$

2. $_nP_r = \dfrac{n!}{(n-r)!}$ を用いて、次の値を変形せよ.
   (1) $_5P_3$ (2) $_9P_1$ (3) $_{10}P_5$ (4) $_3P_2$

3. 15人のメンバーから、会長、副会長、書記、会計を1名ずつ決めるとき、その決め方は何通りあるか.

4. 背番号1～11のサッカー選手11人が、円形になって練習をするとき、その並び方は何通りあるか.

5. 1～7の7個の数字を用いて4桁の整数を作るとき、同じ数字を繰り返して用いてもよい場合、何個できるか.

6. 次の値を求めよ.
   (1) $_4C_2$ (2) $_7C_3$
   (3) $_5C_5$ (4) $_{12}C_9$
   (5) $_{100}C_{99}$ (6) $_{1000}C_0$

7. 1,2,3,4,5,6,7と書かれた7枚のカードから2枚を取り出すとき、その取り出し方をすべて書き、その総数を求めよ.

8. 1～7の7個の数字から5個の数を取り出すとき、次のような取り出し方は何通りあるか.

（1） 奇数3個と偶数2個
（2） 奇数が3個以上
（3） 偶数が少なくとも1個

9．12人を、次のようにグループ分けする場合、その分ける方法は何通りあるか．
（1） 7人、3人、2人の3グループ
（2） 4人ずつ3グループ
（3） 4人ずつA、B、Cの3グループ
（4） 6人、3人、3人の3グループ

10．1,1,1,2,2,3,3,3,3,3の10個の数字を全部並べてできる10桁の整数はいくつあるか．

11．1〜7の7個の数字と書かれた7枚のカードから1枚を取り出す試行において、次の事象を根元事象に分割せよ．
（1） 偶数の番号が書かれたカード
（2） 5以下の番号が書かれたカード

12．1個のサイコロを投げるとき、次の確率を求めよ．
（1） 2の倍数の目が出る確率
（2） 4以下の目が出る確率

13．1枚硬貨を3回投げるとき、次の確率を求めよ．
（1） 2回だけ裏が出る確率
（2） 表が2回、裏が1回が出る

14．2個のサイコロを投げるとき、次の確率を求めよ．
（1） 目の和が7となる
（2） 目の差が2となる
（3） 目の積が6となる

15．女5人、男2人が1列に並ぶとき、次の確率を求めよ．
（1） 男が両端にくる
（2） 男2人が隣り合う

１６．1～9の9個の数字と書かれた9枚のカードから1枚を取り出す試行において、偶数の数字のカードを取り出す事象をA、6の約数の数字のカードを取り出す事象をBとする．1の数字のカードを取り出すことを$\{1\}$のように表すとき、AとBの和事象と積事象を求めよ．

１７．ハートののトランプ13枚から同時に3枚を引くとき、次の確率を求めよ．
　（１）3枚のうちにエースを含みキングを含まない確率
　（２）3枚のうちにエースとキングのどちらか一方のみを含むが、両方は含まない確率

１８．赤球3個、白球4個、緑球3個が入っている袋から、同時に2個の球を取り出すとき、2個ともに同じ色である確率を求めよ．

１９．1～20の20個の数字が書かれた20枚のカードから1枚を取り出す試行において、1の数字のカードを取り出すことを$\{1\}$のように表すとき、次の事象の余事象を求めよ．
　（１）4で割り切れる
　（２）5または4で割り切れる

２０．2つのサイコロを同時に投げるとき、少なくとも1つは6の目が出る確率を求めよ．

２１．次の2つの試行T_1、T_2について、独立であるか．
　（１）1回目にサイコロを投げる試行をT_1、2回目にサイコロを投げる試行をT_2とする．
　（２）くじを1本引く試行をT_1、1本目のくじを戻さずに続けてもう1本引く試行をT_2とする．

２２．甲、乙の2人の合格する確率は、それぞれ$\dfrac{3}{5}$, $\dfrac{3}{4}$であるとき、次の確率を求めよ．
　（１）2人が同時に合格する確率
　（２）甲が合格して、乙が落ちる確率

２３．A、B、Cの3人の期末テストに合格する確率は、それぞれ$\dfrac{1}{2}$, $\dfrac{1}{3}$, $\dfrac{1}{5}$であるとき、次の確率を求めよ．
　（１）3人とも合格する確率
　（２）少なくとも1人は合格する確率

２４．甲、乙の２人がある対戦をしたとき、甲が乙に勝つ確率は$\frac{1}{3}$である．この２人が３回対戦したとき、次の確率を求めよ．ただし、引き分けはないものとする．

（１）甲が負、勝、負の順で１勝２敗となる確率

（２）甲が１勝２敗となる確率

２５．１枚の硬貨を４回投げるとき、次の確率を求めよ．

（１）２回裏が出る確率

（２）３回表が出る確率

２６．１個のサイコロを５回投げるとき、次の確率を求めよ．

（１）偶数の目が少なくとも１回出る確率

（２）５以上の目が少なくとも１回出る確率

２７．あるくじの当たりくじの本数と賞金が、下の表のようになっている．下の表を完成することにより、このくじを１本引くときの賞金の期待値を求めよ．

等	１等	２等	３等	はずれ	計
賞金(円)	10000	1000	100	0	
本数	1	4	15	100	120
確率					

２８．サイコロを投げて、１の目が出れば30点、３か５の目が出れば10点、それ以外の目が出れば5点もらえる．下の表を完成することにより、サイコロを１回投げたときにもらえる点数の期待値を求めよ．

目	1	3, 5	2, 4, 6	計
点数	30	10	5	
確率				

２９．２枚の硬貨を同時に投げるとき、下の表を完成することにより、裏の出る枚数の期待値を求めよ．

章末練習 155

裏の枚数	0	1	2	計
確率				

30. 赤球5個と青球3個が入っている袋から同時に3球を取り出すとする．下の表を完成することにより，取り出した3球に含まれる赤球の個数の期待値を求めよ．

赤球の個数	0	1	2	3	計
確率					

練習 B

1．次の式を満たす n の値を求めよ．
　（1）$_nP_2 = 56$
　（2）$11 \cdot {}_nP_3 = {}_nP_4$
　（3）$_{2n}P_2 = 3 \cdot {}_nP_2$
　（4）$_{2n-1}P_2 = \dfrac{1}{n} \cdot {}_{2n}P_2$

2．男7人、女5人が横1列に並ぶとき、次の並び方は何通りあるか．
　（1）男が中央にいる
　（2）女の少なくとも1人が端にいる
　（3）それぞれの女の両隣に男がいる

3．1～7の7個の数字から、異なる4個の数字を用いて4桁の整数を作るとき、3の倍数はいくつできるか．

4．0～5の6個の数字から、異なる4個の数字を用いて4桁の整数を作るとき、次の問に答えよ．
　（1）全部でいくつできるか
　（2）4320より大きい数はいくつあるか
　（3）4320以下の数はいくつあるか

5．*education* の9文字を1列に並べるとき、次の問に答えよ．
　（1）子音と母音が交互に並ぶとき、何通りあるか
　（2）n と c の間に2文字はいる並べ方は何通りあるか

6．赤、黄、緑、青、紫、白の6色のランプを1つずつ備える信号機がある．これらのランプのうち、1つ以上が同時に光るとき、何通りの信号ができるか．

7．4組のカップルが円形の机の周りに座るとき、次の座り方は何通りあるか．
　（1）男と女が交互に座る
　（2）それぞれのカップルが隣り合って座る

8．色の異なる20個の玉を使ってネックレスを作るとき、何通りのネックレスができるか．

9．次の式を満たす n の値を求めよ．
  （1） $_nC_2 = 10$ （2） $_{n-1}C_2 + {_nC_2} - {_{n+2}C_2} = 0$

10．下の図のように、5本の平行線と直交する7本の平行線がある．これらの平行線によってできる四角形は全部でいくつあるか．

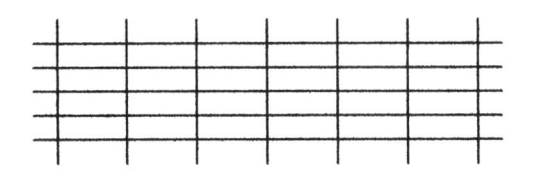

11．9人を3人ずつ3グループに分けるとき、特定の3人 A、B、C が異なるグループに入るような分け方は何通りあるか．

12．青球4個、黄球2個、赤球6個を1列に並べるとき、黄球が隣り合わないようにする並べ方は何通りあるか．

13．1つのサイコロを3回投げて出る目の数を順に A、B、C とする．このとき、$A+B+C=8$ となる場合はいくつあるか．

14．青球4個、黄球2個、赤球1個、緑球1個がある．この中から3個をとって並べる順列の総数を求めよ．

15．スペードのトランプ13枚から同時に3枚を引くとき、2枚が絵札で、1枚が絵札でない確率を求めよ．

16．20本のくじの中に当たりくじが5本ある．このくじを同時に3本引くとき、2本だけが当たりくじである確率を求めよ．

17．1～7の7個の数字が書かれた7枚のカードから3枚を取り出して1列に並べて3桁の整数を作る．このとき、次の確率を求めよ．
  （1） 偶数である
  （2） 320より大きい

１８．色が違う3つのサイコロを同時に投げるとき、次の確率を求めよ．
 （１）目の和が8となる確率
 （２）目の数の最大が5となる確率

１９．1組52枚のトランプから3枚を取り出すとき、1つのマークだけに偏らない確率を求めよ．

２０．A、B、C、Dと書かれたカードが5枚ずつある．その中から4枚のカードを取り出すとき、次の確率を求めよ．
 （１）3枚だけ同じ色である確率
 （２）4枚のカードの色が2色以上ある確率

２１．3人が1回だけジャンケンをするとき、次の確率を求めよ．
 （１）誰か1人だけ勝つ確率
 （２）引き分ける確率

２２．くじが12本ずつ入った3つの箱A、B、Cがある．A、B、Cには当たりくじは、それぞれ4本、3本、2本入っている．甲がAから、乙がBから、丙がCからそれぞれくじを1本ずつ取り出すとき、次の確率を求めよ．
 （１）3人とも当たりくじを取り出す確率
 （２）1だけ当たりくじを取り出す確率

２３．A、Bの2つの袋があり、Aには赤球3個と白球2個、Bには赤球2個と白球3個が入っている．2つの袋からそれぞれ2個ずつ球を取り出すとき、次の確率を求めよ．
 （１）取り出した赤球の個数がA、Bとも等しい確率
 （２）取り出した赤球の個数がBよりもAの方が多い確率

２４．A、B、Cの3人が、大当たり2本、当たり4本とはずれ2本が入っているくじの中から1本を引くとき、大当たりも当たりもはずれも引く確率を求めよ．ただし、引いたくじは元に戻すものとする．

２５．16本のくじのうち4本があたりであるとき、次の確率を求めよ．
 （１）くじを1本引いて戻すことを3回繰り返すとき、当たりくじが2回出る確率
 （２）1度に3本引いたとき、当たりくじが2本ある確率

２６．赤球3個、白球2個が入っている袋がある．この袋の中から1個を取り出して、色を確かめてからもとの袋に戻すものとする．これを5回繰り返すとき、次の確率を求めよ．
  （１）同じ色の球が3回出る確率
  （２）少なくとも2回白球が出る確率

２７．あるテストでは、4つの選択肢から1つ選ぶ問題が3題ある．正答が1題以下の場合には同形式のテストをもう1回課され、2回目のテストで正答が1題以下の場合には補習が義務づけられる．でたらめに答を選ぶ受験者が、補習を義務づけられる確率を求めよ．

２８．甲と乙がゲームを繰り返し行い、先に3ゲームを勝ったほうを優勝とする．このゲームで甲が乙に勝つ確率が常に$\frac{2}{3}$とすると、次の確率を求めよ．ただし、引き分けはないものとする．
  （１）4ゲーム目で甲の優勝が決まる確率
  （２）4ゲーム目までに甲が優勝する確率

２９．1～5の番号のついた5個の球が袋に入っている．このとき、次の期待値を求めよ．
  （１）1個を取り出して元に戻すことを2回繰り返すとき、2個の球の番号の積の期待値
  （２）同時に3個取り出すとき、3個の球の番号の和の期待値

３０．6枚の紙が箱に入っている．このうち1枚には1000、2枚には500、3枚には100と書かれている．この中から2枚の紙を同時に取り出すとき、取り出した紙に書かれた数字の合計の期待値を求めよ．

練習 C

1．ある大学の入学者のうち、他の a 大学、b 大学、c 大学を受験した者の集合を A、B、C で表す．
$$n(A)=65,\quad n(B)=40,\quad n(A\cap B)=14,\quad n(A\cap C)=11,$$
$$n(A\cup C)=78,\quad n(B\cup C)=55,\quad n(A\cup B\cup C)=99\text{ のとき、次の者は何人か．}$$
（1） c 大学を受験した者
（2） a 大学、b 大学、c 大学のすべてを受験した者

[01 福井大]

2．立方体の各面に1から6の数字が書いてあり、区別がつくとする．各面を赤か青かのいずれかに塗るとき、色の塗り方は何通りあるか．

[99 甲南大]

3．立方体の各面に数字がなく、区別がつかないものとする．各面を赤か青かのいずれかに塗るとき、色の位置関係だけに注目すると色の塗り方は何通りあるか．

[99 甲南大]

4．7個の数字 0, 1, 2, 3, 4, 5, 6 を重複なく用いて4桁の整数を作る．
（1） 3500より大きく、6500より小さいものは（　　）個ある．
（2） 偶数であるものは（　　）個ある． [98 九州共大]

5．A, A, A, B, B, C, C の合わせて7個の文字がある．この7個の文字を1列に並べてできる順列の総数は（　　）個である．これら（　　）個の順列の中で、AB の順序で A と B が隣り合って並ぶものを2個含む順列は（　　）個あり、1個以上含む順列は（　　）個ある．

[98 関西学院大]

6．すべて色の異なる7個の球がある．
（1） 7個の球から6個の球を取り出して、A、B、C のケースに2個ずつ入れる方法は何通りあるか．
（2） 7個の球を、A、B、C のケースに分ける方法は何通りあるか．ただし、各ケースには何個入ってもよいが、それぞれのケースには少なくとも1個は入るものとする．

（3） 7個の球を、3つのグループに分ける方法は何通りあるか．ただし、各グループには少なくとも1個は入るものとする．

[97 長崎総合科学大]

7．箱に1から9までの番号がついた9つの玉が入っている．それらを良く混ぜて箱から1つずつ順に全部取り出し、取り出した順に新しく1から9までの番号をつける．このとき、新しく付けられる番号が最初に付けられていた番号と一致する玉の個数がちょうど5つになる確率を求めよ．ただし、1度取り出した玉は戻さない．

[01 岐阜大]

8．（1） 4人で1回ジャンケンして2人が勝ち、2人が負ける確率を求めよ．
（2） 4人で1回ジャンケンして勝負がつかない確率を求めよ．
（3） 5人で1回ジャンケンして3人が勝ち、2人が負ける確率を求めよ．
（4） 5人で1回ジャンケンして勝負がつかない確率を求めよ．

[00 中央大]

9．1から9までの数字が1つずつ書いてあるカードが、それぞれ1枚ずつ、合計9枚ある．これらを3枚ずつの3つのグループに無作為に分け、それぞれのグループから最も小さい数の書かれたカードを取り出す．次の確率を求めよ．
（1） 取り出された3枚のカードの中に4が書かれたカードが含まれている確率
（2） 取り出された3枚のカードに書かれた数字の中で4が最大である確率

[96 九州大]

10．2つの箱A、Bには、それぞれ2個ずつの玉が入っている．「A、Bの両方から同時に玉を1個ずつ取り出し、Aから取り出した玉をBへ、Bから取り出した玉をAへ入れる」このような操作を1回の試行とする．最初に、Aの箱には白玉が2個、Bの箱には赤玉が2個入っていたとして、4回目の試行の後、初めてAの箱に赤玉が2個入った状態になる確率を求めよ．

[01 関西大]

第 8 章

びぶんほう
微分法

1. 導関数(Derivation)

I、平均変化率(Average Of Change)

関数 $y=f(x)$ において、$x=x_1$ から $x=x_2(x=x_1+\Delta x)$ までの平均変化率

$$\frac{\Delta y}{\Delta x}=\frac{f(x_2)-f(x_1)}{x_2-x_1}=\frac{f(x_1+\Delta x)-f(x_1)}{\Delta x}$$

例題8.1　2次関数 $y=x^2+2x$ について、x の値が -3 から 2 まで変化する時の平均変化率を求めよ.

解：$f(x)=x^2+2x$ とおくと

$$f(2)=2^2+2\times 2=8$$
$$f(-3)=(-3)^2+2\times(-3)=3$$

より

$$\frac{f(2)-f(-3)}{2-(-3)}=\frac{8-3}{2-(-3)}=\frac{5}{5}=1$$

問題8.1、次の関数について、a から b までの平均変化率を求めよ.

(1) $f(x)=2x-3$ 　$(a=1,\ b=3)$

(2) $f(x)=3x^2-4x+5$ 　$(a=-1,\ b=2)$

(3) $f(x)=x-\dfrac{2}{x}$ 　$(a=-4,\ b=-1)$

(4) $f(x)=x^2+2\sqrt{x}$ 　$(a=4,\ b=9)$

II、微分係数(Differential Coefficient)

関数 $y=f(x)$ の $x=a$ における微分係数

$$f'(a)=\lim_{\Delta x\to 0}\frac{\Delta y}{\Delta x}=\lim_{\Delta x\to 0}\frac{f(a+\Delta x)-f(a)}{\Delta x}$$

例題 8.2 2次関数 $y = x^2 - 5$ について、$x = -2$ における微分係数を求めよ.

解: $f(x) = x^2 - 5$ とおくと
$$f(-2+h) - f(-2) = \{(-2+h)^2 - 5\} - \{(-2)^2 - 5\} = -4h + h^2$$
よって、$x = -2$ における微分係数は
$$f'(-2) = \lim_{h \to 0} \frac{f(-2+h) - f(-2)}{h} = \lim_{h \to 0} \frac{-4h + h^2}{h} = \lim_{h \to 0}(-4 + h) = -4$$

問題 8.2、次の関数について、（　）内に示された値における微分係数を求めよ.
(1) $f(x) = 2x + 1 \quad (x = 3)$
(2) $f(x) = 2x^2 + 1 \quad (x = 1)$
(3) $f(x) = ax + b \quad (x = c)$
(4) $f(x) = ax^2 + bx + c \quad (x = 0)$

問題 8.3、次の関数について、$f'(-1)$, $f'(1)$ を求めよ.
(1) $f(x) = 2$ 　　　　　　　(2) $f(x) = (x+3)(x+4)$
(3) $f(x) = x^3 + 1$ 　　　　　(4) $f(x) = x^4 + x$

Ⅲ、導関数 (Derivative)

(1) $y' = f'(x) = \lim_{\Delta x \to 0} \frac{\Delta y}{\Delta x} = \lim_{\Delta x \to 0} \frac{f(x + \Delta x) - f(x)}{\Delta x}$

例題 8.3 関数 $f(x) = 3x^2 + 1$ の導関数を求めよ.

解: $f'(x) = \lim_{h \to 0} \frac{f(x+h) - f(x)}{h} = \lim_{h \to 0} \frac{\{3(x+h)^2 + 1\} - (3x^2 + 1)}{h}$
$= \lim_{h \to 0} \frac{(6xh + h^2)}{h} = \lim_{h \to 0}(6x + h) = 6x$

コメント:
h先作为一个常量来计算，在最后根据极限的定义，$h \to 0$ 时就近似于 0，$6x + h \approx 6x$.
h를 잠시 상수항으로 두고, 극한의 정의에 따, $h \to 0$ 일때,0 에 접근하고, $6x + h \approx 6x$ 이것은 도함수의 기본공식이므로 직접 응용해도 무관하다.

First of all, calculate h as a constant. In the end, according to Limited Theorem, when $h \to 0$, it is almost equal to 0, $6x + h \approx 6x$.

問題 8.4、定義に従って、次の関数の導関数を求めよ．

(1) $f(x) = -3x^2 - 5$

(2) $f(x) = x^4 + 5x$

(3) $f(x) = \dfrac{1}{x}$

(4) $f(x) = \sqrt{x}$

(2) 基本方式　　(ア) $y = c \Rightarrow y' = 0$　　(c：一定)

　　　　　　　　(イ) $y = x^n \Rightarrow y' = nx^{n-1}$

　　　　　　　　(ウ) $y = a \cdot f(x) \Rightarrow y' = a \cdot f'(x)$

　　　　　　　　(エ) $y = f(x) \pm g(x) \Rightarrow y' = f'(x) \pm g'(x)$

注：$y = f(x)g(x) \Rightarrow y' = f'(x)g(x) + f(x)g'(x)$

コメント：

这是一些基本的到函数的公式．可以直接用．

이것은 도함수의 기본공식이므로 직접 응용해도 무관하다.

These are the basic function formulas. You may use it directly.

例題 8.4　$y = (x+5)(2x-3)$ を微分せよ．

解：$y = (x+5)(2x-3) = 2x^2 + 7x - 15$ より

$y' = (2x^2 + 7x - 15)' = (2x^2)' + (7x)' - (15)' = 2(x^2)' + 7(x)' - 15(x^0)' = 4x + 7$

別解：$y = f(x)g(x) \Rightarrow y' = f'(x)g(x) + f(x)g'(x)$ より

$y' = (x+5)'(2x-3) + (x+5)(2x-3)' = 1 \times (2x-3) + 2 \times (x+5) = 4x + 7$

問題 8.5、次の関数を微分せよ．

(1) $f(x) = \sqrt{2}x^5$

(2) $f(x) = -2x + 3$

(3) $f(x) = (x-1)(x^2 - x + 1)$

(4) $f(x) = x(x+1)(x+2)$

2. 導関数の応用

I、接線方程式 (Tangent Equation)

曲線 $y = f(x)$ 上の点 $(x_1, f(x_1))$ において

$$接線の傾き : \tan\theta = f'(x_1)$$
$$接線の方程式 : y - f(x_1) = f'(x_1)(x - x_1)$$

例題 8.5　2次関数 $y = 2x^2$ のグラフ上の点 $(1, 2)$ における接線の傾きを求めよ．また、その接線の方程式を書け．

解：$f(x) = 2x^2$ とおくと

$$f'(1) = \lim_{h \to 0}\frac{2(1+h)^2 - 2 \times 1^2}{h} = \lim_{h \to 0}\frac{4h + 2h^2}{h} = \lim_{h \to 0}(4 + 2h) = 4$$

$y - f(x_1) = f'(x_1)(x - x_1)$ より

$$y - f(1) = f'(1)(x - 1)$$

よって、接線の方程式は

$$y = 4x - 2$$

問題 8.6、次の曲線の与えられた点における接線の方程式を求めよ．

(1) $y = x^2 + x + 1$　$(1, 3)$

(2) $y = x^2 + 2x - 3$　$(2, 5)$

(3) $y = x^2 - x^3$　$(2, -4)$

(4) $y = x^4 + 1$　$(0, 1)$

II、関数値の増減

$y = f(x)$ が x のある区間で

$$f'(x) > 0 \Leftrightarrow その区間で f(x) は増加$$
$$f'(x) < 0 \Leftrightarrow その区間で f(x) は減少$$
$$f'(x) = 0 \Leftrightarrow その区間で増減なし（定数）$$

> コメント：
> 通过这种方法可以求出高次函数在某一区间内的极值.
> 이런 방법으로 고차함수의 임의의 폐구간내에서 극한을 구할 수 있다.
> Through these methods you can find out the extreme value of certain interval in high degree functions.

例題8.6 3次関数 $y = x^3 - 3x + 7$ の増減を調べよ.

解： $f(x) = x^3 - 3x + 7$ とおくと
$$f'(x) = 3x^2 - 3 = 3(x^2 - 1) = 3(x-1)(x+1)$$
よって
$f'(x) = 0$ の解は
$$x = 1, \quad -1$$
ここで、
$$f(-1) = 9 \qquad f(1) = 5$$
ゆえに、$f(x)$ の増減表は、次のようになる.

x	$\cdots$	-1	$\cdots$	1	$\cdots$
$f'(x)$	$+$	0	$-$	0	$+$
$f(x)$	増	9	減	5	増

したがって、この関数は
区間 $x < -1$ および $x > 1$ で増加し、
区間 $-1 < x < 1$ で減少する.

問題8.7、次の関数の増減を調べよ.
（1） $y = x^3 + 3x$
（2） $y = x^4 - 6x^2 + 1$
（3） $y = -x^3 - 6x$

III、極大、極小

（1）

x	$\cdots$	a	$\cdots$
$f'(x)$	$+$	0	$-$
$f(x)$	増	極大	減

導関数の応用

x	$\cdots$	a	$\cdots$
$f'(x)$	$-$	0	$+$
$f(x)$	減	極小	増

（2）$y = f(x)$ が $x = a$ において極値をもつ $\Rightarrow f'(a) = 0$

例題8.7　関数 $y = -x^4 + 2x^3$ の極値を求めよ．

解：$y' = -4x^3 + 6x^2 = -2x^2(2x - 3)$

よって、$y' = 0$ の解は、$x = 0, \dfrac{3}{2}$

したがって、この関数は $x = 0$ のとき極小となり、極小値は 0

$\qquad\qquad x = \dfrac{3}{2}$ のとき極大となり、極大値は $\dfrac{27}{16}$

コメント：

$y' = -4x^3 + 6x^2 = -2x^2(2x-3)$ 里当 $x \leq 0$ 时 y' 是负数, 所以在 0 时有最小值, 在 $(0, \dfrac{3}{2})$ 区间大于 0, 所以在 $\dfrac{3}{2}$ 时有最大值.

$y' = -4x^3 + 6x^2 = -2x^2(2x-3)$ 에서 $x \leq 0$ 일때 y' 0 작은 수, 그렇기 때문에 0 일때 최소치를 취하며, $(0, \dfrac{3}{2})$ 구간에서는 0 보다 크며, $\dfrac{3}{2}$ 일때 최대치를 취한다.

In $y' = -4x^3 + 6x^2 = -2x^2(2x-3)$, since $x \leq 0$ y' is a negative number, 0 has the minimum value, but when $(0, \dfrac{3}{2})$ is bigger than 0, so when $\dfrac{3}{2}$, you can have the maximum value.

問題 8.8、次の関数の極値を求めよ．

（1） $y = x^3 - 3x^2 + 3$

（2） $y = x^3 - 6x^2 + 9x$

（3） $y = -x^3 + 3x^2 + 9x$

（4） $y = 2x^3 - 9x^2 + 12x - 3$

章末練習

練習 A

1. 次の関数について、a から b までの平均変化率を求めよ.
   - (1) $f(x) = -3x + 1$ $\quad (a = -2, \quad b = 3)$
   - (2) $f(x) = x^2 - 2x + 3$ $\quad (a = 0, \quad b = 3)$
   - (3) $f(x) = 7x^3 + 2$ $\quad (a = -1, \quad b = 2)$

2. 関数 $f(x) = x^2 - 4x + 2$ において、$x = 0$ から $x = a$ までの平均変化率が $x = -1$ から $x = 4$ までの平均変化率に等しいとき、a の値を求めよ. ただし、$a \neq 0$ とする.

3. 関数 $f(x) = ax^2 + bx$ において、2から5までの平均変化率は4であり、0から4までの平均変化率は1である. 定数 a、b の値を求めよ.

4. 次の関数の微分係数を求めよ.
   - (1) $f(x) = -2x^2 + 5$ の $x = 4$ における微分係数 $f'(4)$
   - (2) $f(x) = x^2 + x$ の $x = 3$ における微分係数 $f'(3)$
   - (3) $f(x) = -x^2 + 2x - 1$ の $x = a$ における微分係数 $f'(a)$

5. 次の放物線上の点 P における接線の傾きを求めよ.
   - (1) $y = 2x^2 - 1$ $\quad P(2, 7)$ $\qquad$ (2) $y = -3x^2 + 2x + 2$ $\quad P(1, 1)$

6. 放物線 $y = 2x^2 - 3x + 2$ 上の点 P について、直線 $y = -\dfrac{1}{3}x + 2$ に垂直な直線が接するとき、接点 P の座標を求めよ.

7. 次の関数を微分せよ.
   - (1) $y = -3x^2$ $\qquad\qquad$ (2) $y = x^2 - 4x$
   - (3) $y = 2x^2 - x + 5$ $\qquad$ (4) $y = 2x^3 - x^2 + 3x - 4$

8. 次の関数を[ ]内の文字で微分せよ．
   (1) $V = \pi r^2 h$　　　$[r]$　　　(2) $H = 30t + 5t^2$　　　$[t]$
   (3) $T = 2(pq + qr + rp)$　　　$[p]$　　　(4) $S = 2\pi r(r + h)$　　　$[r]$

9. 次の関数の増減を調べよ．
   (1) $y = x^2 - 2x + 9$　　　(2) $y = x^3 - 12x$
   (3) $y = x^3 - 3x^2 + 3x + 2$　　　(4) $y = -3x^3 - 6x^2 + 5x + 2$

10. 次の問に答えよ．
    (1) 関数 $f(x) = -x^3 - x$ は常に減少することを示せ．
    (2) 関数 $f(x) = x^3 - 6x^2 + 12x + 4$ は常に増加することを示せ．

11. 3次関数 $f(x) = -x^3 + ax^2 + bx + c$ について、次の問に答えよ．
    (1) $f(x)$ は $x = 3$ のとき極大値をとり、$x = -7$ のとき極小値を取る．このとき、定数 a、b の値を求めよ．
    (2) (1)で、極小値が -1 のとき、c の値と極大値を求めよ．

12. 底面が正方形の直方体がある．縦、横、高さの和が12であるとき、直方体の体積の最大値を求めよ．

13. 次の方程式の実数解の個数は、定数 t の値によってどのように変わるか．
    (1) $x^3 - 3x^2 - 9x - t = 0$　　　(2) $x^3 - 12x - 8 + t = 0$

14. 次の不等式が成り立つことを証明せよ．
    (1) $a > 1$ のとき、$a^3 + 4a > 3a^2 + 2$　　　(2) $a \geq 0$ のとき、$2a(a^2 - 6) > 3(a^2 - 7)$

15. すべての x に対して、次の不等式が成り立つことを証明せよ．
    (1) $x^4 > 4x - 5$　　　(2) $x^4 - 2x^3 \geq 2x^2 - 8$

練習 B

1. 2次関数 $f(x) = ax^2 + bx + c$ において、s から t までの平均変化率と $x = r$ における微分係数が等しいとき、r を s と t で表せ．ただし、$s \neq t$ とする．

2. 放物線 $y = -2x^2 + 3x + 1$ を C、直線 $2x + 2y = 7$ を l とする．このとき、次の問に答えよ．
   （1） C の接線で、l に平行なものの方程式を求めよ．
   （2） C の接線で、l に垂直なものの方程式を求めよ．

3. 曲線 $y = x^3$ …① について、次の問に答えよ．
   （1） 曲線上の点 $(2, 8)$ における接線の方程式を求めよ．
   （2） （1）の接線と曲線①の共有点の座標で点 $(2, 8)$ 以外のものを求めよ．

4. 点 $(1, -4)$ から放物線 $y = x^2 - 1$ に引いた接線の方程式を求めよ．

5. 次の等式を満たす 2 次関数 $f(x)$ を求めよ．
   （1） $2xf'(x) = f(x) + 2x^2 + x - 3$
   （2） $(2x + 1)f'(x) = 3f(x) + x^2 - 7$

6. 次の問に答えよ．
   （1） 関数 $f(x) = x^3 + ax(x+1) - 1$ において、常に $f'(x) > 0$ となるような定数 a の値の範囲を求めよ．
   （2） 関数 $f(x) = -x^3 + 3ax^2 - 3ax + a^2$ において、常に $f'(x) < 0$ となるような定数 a の値の範囲を求めよ．

7. 関数 $f(x) = x^3 - 3a^2x + 5$ の極大値と極小値の差が 32 になるような定数 a の値を求めよ．ただし、$a > 0$ とする．

8. 3 次関数 $f(x) = x^3 - 6ax^2 + 9a^2x$ が $x = 3$ において極大となるように、定数 a の値を定めよ．

9. 関数 $f(x) = 2x^4 - 4x^2 + 5$ の極値を求めよ．

10. 関数 $y = x^3 - 3ax^2 + 6a^3 - 6a$ について、次の問に答えよ．ただし、$0 < a < 3$ とする．

(1) 極小値を s とするとき、s を a で表せ．

(2) s の最小値を求めよ．

11. 方程式 $x^3 - \dfrac{3}{2}(a+1)x^2 + 3ax = 0$ が異なる3つの実数解を持つように、定数 a の値の範囲を定めよ．

12. すべての x の値に対して、$x^4 - 4a^3 x + 12 \geq 0$ が成り立つように、定数 a の値の範囲を定めよ．

練習 C

1. $f(x)$ は x の3次以下の整式で表される関数で、次の条件 (A)、(B) をともに満たしている。このとき、$f(x)$ を求めよ。

   (A) x の最高次の項の係数と定数項が等しい

   (B) $3f(x) - xf'(x) = x^2 - 4x + 3$ [97 関西大]

2. 整式で表された関数 $f(x)$ が、任意の x、y に対して、
$$f(x+y) = f(x) + f(y) + 3xy(x+y+2) - 4$$
を満足するとき、次の問に答えよ。

   (1) $f(0)$ を求めよ。

   (2) $f'(0) = 2$ のとき、$f'(x)$ を求めよ。 [98 東京工科大]

3. 次の2つの条件を満たす整数係数の多項式 $P(x)$ を求めよ。

   (A) $P(0)$ は素数 (B) $(x+3)P'(x) = 2P(x) + 8x - 12$ [98 関西大]

4. 正の数 t、実数 p、q に対して関数 $f(x) = ax^3 + bx^2 + cx + d$ は、条件 $f(0) = 1$、$f'(0) = 2$、$f(t) = p$、$f'(t) = q$、……① を満たすとする。このとき、c、d を求め、a、b を t、p、q で表せ。 [00 北海道大]

5. xy 平面上の2曲線 $y = 2x^3 + 3(a-1)x^2 + 2ax$ と $y = -2x^2 + 4ax$ が共有点をもち、かつその点において共通の接線を持つように、実数 a の値を定めよ。

   [99 関西学院大]

6. 曲線 $C : y = x^3 + ax$ 上に次の条件 (A)、(B) を満たす相異なる2点 P、Q がとれるとき、定数 a の値の範囲を求めよ。

   (A) 2点 P、Q を通る直線 l は点 P で曲線 C に接している。

   (B) 点 Q における曲線 C の接線と直線 l は直交している。 [00 信州大]

7. 曲線 $y = f(x) = x^4 - 3x^2 + 2bx$ 上の点 $P(a, f(a))$ における接線を l とする。直線 l が点 P 以外の異なる2点 A、B で曲線 $y = f(x)$ と交わるために a の満たすべき条件を求めよ。また、この求めた条件の下で、更に点 P が線分 AB 上にあるために a の満たすべき条件を求めよ。 [98 宮城教育大]

8. $f(x) = x^3 - ax^2 - a^2 x + b$ とし、$y = f(x)$ の極値を与える x の値を α、β とする. $f(x)$ が次の2つの条件を満たすとき、a と b の値を求めよ.

(A) a、b は自然数、かつ $b < 100$ である.

(B) 2点 $(\alpha, f(\alpha))$、$(\beta, f(\beta))$ の中点が x 軸上にある. [99 名古屋市大]

9. $f(x) = x^3 + ax^2 + bx + c$ とする. 関数 $y = f(x)$ のグラフは点 $(2, 1)$ に関して対称であり、この関数は $x = 1$ のとき極大値を取る. このとき、定数 a、b、c の値を求めよ.

[00 上智大]

10. 関数 $y = x^3 - 3x^2 + 3ax$ について

(1) y が極値を持つような定数 a が変化するとき、極小値を与える点の x 座標 x_0 が存在する範囲を求めよ.

(2) k を定数とする. $x > k$ の範囲に極小値を取る点が存在するような定数 a の値の範囲を求めよ. [00 上智大]

11. $a > 0$ とする. 関数 $f(x) = |x^3 - 3a^2 x|$ の $-1 \leq x \leq 1$ における最大値を $M(a)$ とするとき

(1) $M(a)$ を a を用いて表せ.

(2) $M(a)$ を最小にする a の値を求めよ. [98 神戸大]

12. 変数 θ が $0° \leq \theta \leq 180°$ の範囲を動くとき、θ の関数
$$f(\theta) = 4\sin^3\theta - 9\sin\theta\cos\theta + 4\cos^3\theta + 1$$
について、次の問に答えよ.

(1) $t = \sin\theta + \cos\theta$ とするとき、t のとりうる値の範囲を求めよ.

(2) θ の関数 $f(\theta)$ を t の関数 $g(t)$ として表せ.

(3) t が(1)の範囲を動くとき、関数 $g(t)$ の最大値と最小値を求めよ. また、そのときの t の値を求めよ. [01 鹿児島大]

13. 円 $x^2 + y^2 = 1$ の周上に2点 $P(\cos\theta, \sin\theta)$、$Q(\cos 2\theta, \sin 2\theta)$ がある. ただし、$0° < \theta < 45°$ とする. P から x 軸に下ろした垂線の足を M とし、中心 M、半径 MP の円と x 軸の交点のうち、O に近い方を R とする.

（1） $t = \cos\theta - \sin\theta$ とするとき、t の値の範囲を求めよ.

（2） $\triangle OQR$ の面積 S の最大値を求めよ.

[99　関西学院大]

14. 関数 $f(x)$ を $f(x) = \begin{cases} x^2 & (x \leq 0) \\ x^3 + x & (x > 0) \end{cases}$ とする. 定数 a に対して $ax - f(x)$ の最大値 $m(a)$ を求めよ.

[96　神戸大]

15. x に関する3次方程式 $(x+a)^3 - 3x - a^2 = 0$ が負の解を持たないように実数 a の値の範囲を求めよ.

[94　東北大]

16. すべての $x \geq 0$ に対して、$x^3 - 3x^2 \geq k(3x^2 - 12x - 4)$ が成り立つ定数 k の値の範囲を求めよ.

[98　慶応大]

17. 直線 $y = 3x + \dfrac{1}{2}$ 上の点 $P(p, q)$ から放物線 $y = x^2$ の法線は何本引けるか調べよ.

[97　お茶の水大]

18. $f(x) = x^4 + x^3 - 3x^2$ とおく. 曲線 $y = f(x)$ に点 $(0, a)$ から接線がただ1つ引けるとし、しかもその接線はただ1点でこの曲線に接するとする. このときの定数 a の値を求めよ.

[01　大阪大]

第 9 章

積分法

1. 不定積分(Indefinite Integral)

Ⅰ、不定積分

(1) $F'(x) = f(x)$ となる $F(x)$ を $f(x)$ の不定積分という．

(2) $f(x)$ の不定積分 $\Rightarrow \int f(x)dx = F(x) + C$ （C：積分定数）

(3) $\dfrac{d}{dx} \int f(x)dx = f(x)$

コメント：

因为常数的微分是 0 所一在积分的时候，要有常数 C．也就是说积分是微分的逆运算．

상수를 미분하면 0 이 된다. 적분은 미분의 역계산이므로 적분할때 상수 C 를 무시할수 없다.

Because the differential of the constant is 0, when integrating, you must have constant C. In another word, Integration is the contradict calculation of differentiation.

例題 9.1 次の計算をせよ．

(1) $\left(x^2\right)' = 2x$ より、$\int 2x dx = x^2 + C$（C は定積分定数）

(2) $\left(x^3\right)' = 3x^2$ より、$\int 3x^2 dx = x^3 + C$（C は定積分定数）

問題 9.1、次の計算をせよ．

(1) $F'(x) = 3x^2 - 5x + 3$ より、$\int F(x)dx$ を求めよ．

(2) $F'(x) = 3(2x+3)^2$ より、$\int F(x)dx$ を求めよ．

II、不定積分の計算

(1) (ア) $\int kf(x)dx = k\int f(x)dx$ （k：定数）

(イ) $\int \{f(x)+g(x)\}dx = \int f(x)dx + \int g(x)dx$

(2) $\int x^n dx = \dfrac{x^{n+1}}{n+1} + C$ （$n=0,1,2\cdots$）

問題9.2、次の不定積分を求めよ.

(1) $\int 3x^4 dx$ 　　　　　　(2) $\int (x^3 - 5x^2 + 2x - 1)dx$

例題9.2　次の不定積分を求めよ.

(1) $\int (x-3)(x+2)dx$ 　　(2) $\int (2x-1)^2 dx$

解：(1) $\int (x-3)(x+2)dx = \int (x^2 - x - 6)dx$

$= \int x^2 dx - \int x dx - 6\int dx$

$= \dfrac{x^3}{3} - \dfrac{x^2}{2} - 6x + C$

(2) $\int (2x-1)^2 dx = \int (4x^2 - 4x + 1)dx$

$= 4\int x^2 dx - 4\int x dx + \int dx$

$= 4 \times \dfrac{x^3}{3} - 4 \times \dfrac{x^2}{2} + x + C$

$= \dfrac{4}{3}x^3 - 2x^2 + x + C$

問題9.3、次の不定積分を求めよ.

(1) $\int (2x-1)(x+1)dx$ 　　　　(2) $\int (x^2-1)^2 dx$

不定積分

（3）$\int (x-1)(x+1)(x^2+1)dx$ （4）$\int (x+1)(x^2-x+1)dx$

例題9.3 次の条件を満たす関数 $F(x)$ を求めよ．
$$F'(x) = 3x^2 - 2x + 2 、 F(1) = 4$$

解： $F'(x) = 3x^2 - 2x + 2$
より
$$F(x) = \int (3x^2 - 2x + 2)dx = x^3 - x^2 + 2x + C$$
ここで、$F(1) = 4$
より
$$F(1) = 1 - 1 + 2 + C = 4$$
よって $C = 2$
ゆえに、求める関数は
$$F(x) = x^3 - x^2 + 2x + 2$$

問題9.4、次の条件を満たす関数 $F(x)$ を求めよ．
（1） $F'(x) = x^2 - 2x + 2$ $F(1) = 4$
（2） $F'(x) = (3x+1)(x-2)$ $F(0) = 6$

2. 定積分(Definite Integral)

Ⅰ、定積分

$f(x)$ の原始関数の1つを $F(x)$ とすると

$$\int_a^b f(x)dx = [F(x)]_a^b = F(b) - F(a)$$

これを $f(x)$ の a から b までの**定積分**という.

a は積分の下端(Lower Limit)

b は積分の上端(Upper Limit)

Ⅱ、定積分の計算

(1) $\displaystyle\int_a^b kf(x)dx = k\int_a^b f(x)dx$ （k：定数）

(2) $\displaystyle\int_a^b \{f(x) + g(x)\}dx = \int_a^b f(x)dx + \int_a^b g(x)dx$

(3) $\displaystyle\int_a^b f(x)dx = \int_a^c f(x)dx + \int_c^b f(x)dx$

(4) $\displaystyle\int_a^a f(x)dx = 0$、$\displaystyle\int_a^b f(x)dx = -\int_b^a f(x)dx$

(5) $\displaystyle\int_{-a}^a x^{2n}dx = 2\int_0^a x^{2n}dx$、$\displaystyle\int_{-a}^a x^{2n+1}dx = 0$ （$n = 0, 1, 2 \cdots$）

$f(x)$ が奇関数ならば：$\displaystyle\int_{-a}^a f(x)dx = 0$

$f(x)$ が偶関数ならば：$\int_{-a}^{a} f(x)dx = 2\int_{0}^{a} f(x)dx$

(6) $\dfrac{d}{dx}\int_{a}^{x} f(t)dt = f(x)$

例題9.4 次の定積分を求めよ．

(1) $\int_{1}^{2} 3x^2 dx$ (2) $\int_{-1}^{1} (x^2 - 3x)dx$

(3) $\int_{1}^{2} 2x^2 dx$ (4) $\int_{-2}^{1} (3x^2 - 4x)dx$

---

(1) $\int_{1}^{2} 3x^2 dx = \left[x^3\right]_{1}^{2} = 2^3 - 1^3 = 7$

(2) $\int_{-1}^{1}(x^2 - 3x)dx = \left[\dfrac{x^3}{3} - \dfrac{3}{2}x^2\right]_{-1}^{1} = \left(\dfrac{1}{3} - \dfrac{3}{2}\right) - \left(\dfrac{-1}{3} - \dfrac{3}{2}\right) = \dfrac{2}{3}$

(3) $\int_{1}^{2} 2x^2 dx = 2\int_{1}^{2} x^2 dx = 2\left[\dfrac{x^3}{3}\right]_{1}^{2} = 2\times\left(\dfrac{2^3}{3} - \dfrac{1^3}{3}\right) = \dfrac{14}{3}$

(4) $\int_{-2}^{1}(3x^2 - 4x)dx = 3\int_{-2}^{1} x^2 dx - 4\int_{-2}^{1} x dx = 3\left[\dfrac{x^3}{3}\right]_{-2}^{1} - 4\left[\dfrac{x^2}{2}\right]_{-2}^{1}$

$= \{1^3 - (-2)^3\} - 2\{1^2 - (-2)^2\}$
$= 15$

問題9.5、次の定積分を求めよ．

(1) $\int_{0}^{1}(x^2 - 2x + 1)dx$ (2) $\int_{-2}^{1}(2x^2 - x + 3)dx$

184 積分法

(3) $\int_0^2 (2x^2 + x - 1)dx$ (4) $\int_1^3 \left(\frac{1}{3}x^2 + x + 1\right)dx$

例題 9.5 $\int_{-1}^0 (-4x+5)dx - \int_2^0 (-4x+5)dx$ を求めよ．

$$\int_{-1}^0 (-4x+5)dx - \int_2^0 (-4x+5)dx = \int_{-1}^0 (-4x+5)dx + \int_0^2 (-4x+5)dx$$
$$= \int_{-1}^2 (-4x+5)dx = \left[-2x^2 + 5x\right]_{-1}^2$$
$$= 9$$

問題 9.6、次の定積分を求めよ．

(1) $\int_0^1 (2x+3)dx + \int_1^3 (2x+3)dx$

(2) $\int_{-1}^0 (x^2+5x-3)dx - \int_{-2}^0 (x^2+5x-3)dx$

例題 9.6 定積分 $\int_{-2}^2 |x-1|dx$ を求めよ．

解：関数 $y = |x-1|$ は

$x \geq 1$ のとき、$x - 1 \geq 0$ より、$y = x - 1$
$x \leq 1$ のとき、$x - 1 \leq 0$ より、$y = -(x-1) = 1 - x$
よって、

$$\int_{-2}^{2}|x-1|dx = \int_{-2}^{1}|x-1|dx + \int_{1}^{2}|x-1|dx = \int_{-2}^{1}(1-x)dx + \int_{1}^{2}(x-1)dx$$

$$= \left[x - \frac{x^2}{2}\right]_{-2}^{1} + \left[\frac{x^2}{2} - x\right]_{1}^{2} = \frac{9}{2} + \frac{1}{2} = 5$$

問題 9.7、定積分 $\int_{-1}^{3}|2-x|dx$ を求めよ.

III、面積

(1) $y = f(x)$ と x 軸 $(a < b)$ との間の面積

$$S = \int_{a}^{b} f(x)dx$$

(2) $x = g(y)(g(y) \geq 0)$ と y 軸 $(c < d)$ との間の面積

$$S = \int_{c}^{d} g(y)dy$$

(3) $y = f(x)$ と $y = g(x)(a < b)$ との間の面積

$$S = \int_{a}^{b} |f(x) - g(x)|dx$$

(4) $y = ax^2 + bx + c = a(x-\alpha)(x-\beta)$ ($\alpha < \beta$ のとき)

$$S = \int_{\alpha}^{\beta} |ax^2 + bx + c|dx = \frac{|a|}{6}(\beta - \alpha)^3$$

例題 9.7 放物線 $y = -x^2 + 3x$ と x 軸とで囲まれた図形の面積 S を求めよ.

解：放物線 $y = -x^2 + 3x$ と x 軸との交点の x 座標は
$$-x^2 + 3x = 0 \text{ より、} x = 0, 3$$
また、$0 \leq x \leq 3$ のとき、$y \geq 0$
よって、求める図形の面積 S は

$$S = \int_0^3 (-x^2 + 3x)dx = \left[-\frac{x^3}{3} + \frac{3}{2}x^2\right]_0^3 = -9 + \frac{27}{2} = \frac{9}{2}$$

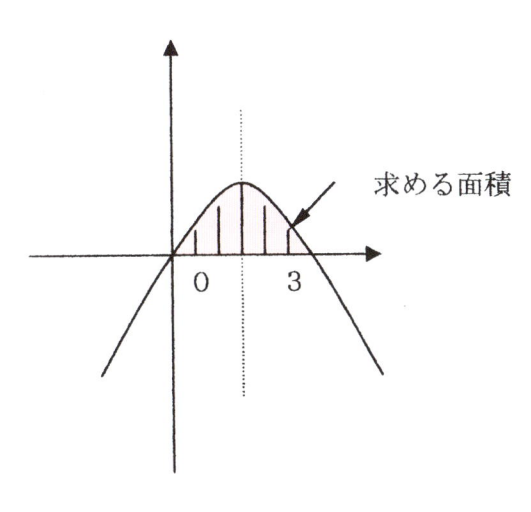

求める面積

問題 9.8、次の放物線と x 軸とで囲まれた図形の面積を求めよ．

(1) $y = -x^2 - 2x + 3$

(2) $y = x^2 - \dfrac{3}{2}x - 1$

例題 9.8　放物線 $y = x^2$ と直線 $y = x + 2$ とで囲まれた図形の面積 S を求めよ．

解：放物線 $y = x^2$ と直線 $y = x + 2$ との交点の x 座標は、方程式
$$x^2 = x + 2$$

定積分

を解いて $x = -1, 2$

また、区間 $-1 \leq x \leq 2$ で

$$x + 2 \geq x^2$$

であるから、求める面積 S は

$$S = \int_{-1}^{2} \{(x+2) - x^2\} dx = \left[\frac{x^2}{2} + 2x - \frac{x^3}{3}\right]_{-1}^{2} = \frac{9}{2}$$

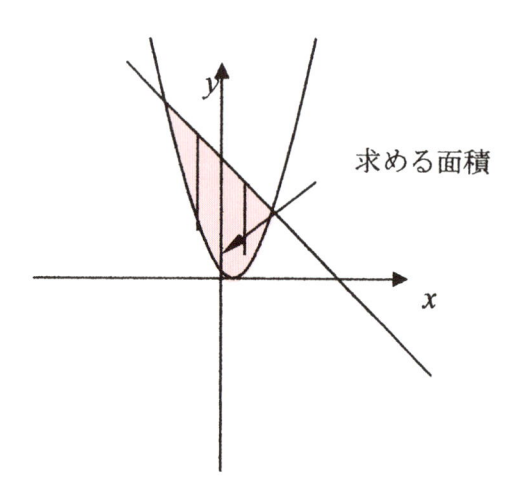

求める面積

問題 9.9、次の曲線や直線で囲まれた図形の面積を求めよ．
 (1) $y = 3x^2$　　$y = x + 1$
 (2) $y = -x^2 + 2x + 2$　　$y = x^2 - 2$

章末練習

練習 A

1. 次の不定積分を求めよ．

   (1) $\int 2x^3 dx$

   (2) $\int (2x^2 - 3x + 5) dx$

   (3) $\int (3y^2 - 6y + 2) dy$

   (4) $\int (-4t^3 + 6t^2 - 2t + 3) dt$

2. 次の不定積分を求めよ．

   (1) $\int (3x-1)(2x+1) dx$

   (2) $\int (x-1)(x^2+x+1) dx$

   (3) $\int (t^2 - 2)^2 dt$

   (4) $\int (y+1)(y-1)(y^2+1) dy$

3. 次の条件を満たす関数 $f(x)$、$g(x)$ を求めよ．

   $\{f(x) + g(x)\}' = 2x + 3$、$\{f(x) - g(x)\}' = 6x^2 - 4x - 1$、$f(2) = 1$、$g(1) = 4$

4. 曲線 $y = x^2 + 1$ と x 軸および 2 直線 $x = 1$、$x = 2$ で囲まれた部分の面積を求めよ．

5. 次の定積分を求めよ．

   (1) $\int_0^1 (x^2 - 2x + 1) dx - \int_0^1 (2x^2 - 2x - 2) dx$

   (2) $\int_{-2}^1 (x^2 + 5x - 3) dx + \int_{-2}^1 (2x^2 - x + 3) dx$

6. 放物線 $y = x^2 - 4x + 5$ と x 軸および 2 直線 $x = 0$、$x = 3$ で囲まれた部分の面積を求めよ．

7. 次の2つの曲線で囲まれた部分の面積を求めよ．

   （1） $y = x^2$、$y = 2x$ 　　　　　　　（2） $y = x^2 - 2$、$y = -x^2 + 2x + 2$

8. 次の定積分を求めよ．

   （1） $\displaystyle\int_0^3 |x - 1| dx$ 　　　　　　　（2） $\displaystyle\int_0^4 |x^2 - 4x + 3| dx$

9. 次の等式を満たす関数 $f(x)$ と定数 a の値を求めよ．

   （1） $\displaystyle\int_a^x f(t) dt = 4x^2 + 4x - 3$

   （2） $\displaystyle\int_1^x f(t) dt = x^2 + ax + (a + 3)$

練習 B

1. 2点 $(1, 6)$、$(2, 21)$ をとおる曲線 $y = f(x)$ 上の点 $(x, f(x))$ における接線の傾きは kx^3 である．このとき、定数 k の値と $f(x)$ をそれぞれ求めよ．

2. 曲線 $y = f(x)$ 上の点 $(x, f(x))$ における接線の傾きは $3x^2 + bx + c$ で、$f(-1) = -2$、$f(0) = 2$、$f(1) = 2$ のとき、定数 b、c の値と $f(x)$ をそれぞれ求めよ．

3. 2曲線 $y = f(x)$、$y = g(x)$ は同じ点において直線 $y = x + 3$ に接している．$f'(x) = x^2 - 2x + 2$、$g'(x) = 2x - 1$ のとき、関数 $f(x)$、$g(x)$ を求めよ．

4. 偶関数の定積分の性質 $\int_{-a}^{a} x^n dx = 2\int_{0}^{a} x^n dx$、奇関数の定積分の性質 $\int_{-a}^{a} x^n dx = 0$ を用いて、次の値を求めよ．

   （1）$\int_{-2}^{2} (2x^3 + 4x^2 - x + 1)dx$ 　　（2）$\int_{-1}^{1} (3x + 2)(x - 2)dx$

5. $f(x) = x^2 + 2x + \int_{0}^{3} f(t)dt$ を満たす関数 $f(x)$ を求めよ．

6. 関数 $f(x) = x^2 + px + q$ について $\int_{-1}^{1} f(x)dx = 1$、$\int_{-1}^{1} xf(x)dx = 2$ が同時に成り立つとき、定数 p、q の値を求めよ．

7. 次の曲線や直線で囲まれた図形の面積を $\int_{\alpha}^{\beta} (x - \alpha)(x - \beta)dx = -\frac{1}{6}(\beta - \alpha)^3$ を利用して求めよ．ただし、α、β は2次方程式 $(x - \alpha)(x - \beta) = 0$ の解で、$\alpha < \beta$ とする．

   （1）$y = -x^2 + x + 6$、x 軸 　　（2）$y = x^2 - 2x - 2$、x 軸
   （3）$y = -x^2 + 2x + 3$、$y = x + 1$ 　　（4）$y = x^2 - 6$、$y = -x^2 + 4x$

8. 曲線 $y = -x^3 + 4x$ と、曲線上の点 $(1, 3)$ における接線とで囲まれた部分の面積を求めよ.

9. 曲線 $y = x^3 + 4x^2 + 3x$ 上で x 座標が t である点における接線が、原点において再び曲線と交わる．このとき、次の問に答えよ．
　（1）接線の方程式と接点の座標を求めよ．
　（2）曲線と接線によって囲まれた部分の面積を求めよ．

10. 曲線 $y = x^3 - x^2 - kx + 1$ ……① について、次の問に答えよ．
　（1）曲線①が x 軸と接するように定数 k の値を定めよ．
　（2）k が①の値をとるとき、曲線①と x 軸で囲まれた部分の面積を求めよ．

11. 不等式 $|x| \leq y \leq -\dfrac{1}{2}x^2 + \dfrac{3}{2}x + 3$ を満たす点 (x, y) 全体からなる図形を D とするとき、D の面積を求めよ．

12. 3次方程式 $2x^3 - 3ax^2 + 8 = 0$ が $0 \leq x \leq 3$ の範囲に少なくとも1個の実数解を持つように、定数 a の値の範囲を定めよ．ただし、$a > 0$ とする．

練習 C

1. $f(1) = \dfrac{1}{6}$, $f'(1) = 0$, $\displaystyle\int_0^1 f(x)dx = \dfrac{1}{3}$ を満たす2次関数 $f(x)$ を求めよ．

[01 久留米大]

2. x の2次関数 $f(x) = -x^2 + ax + b$ が、次の2つの条件を満たすとき、定数 a、b の値を求めよ．

   (A) $\displaystyle\int_0^6 f(x)dx = 12$

   (B) $-1 \leq x \leq 1$ における $f(x)$ の最小値は -5 である．

[00 関西大]

3. $a > 3$ とする．関数 $f(x) = 2 - |ax - 2|$ $(0 \leq x \leq 1)$ が $\displaystyle\int_0^1 f(x)dx = 1$ を満たしている．

   (1) a の値を求めよ．

   (2) a が (1) で求めた値のとき、関数 $F(x) = \displaystyle\int_0^x f(t)dt$ $(0 \leq x \leq 1)$ を求めよ．

   (3) a が (1) で求めた値のとき、定積分 $\displaystyle\int_0^1 xf(x)dx$ の値を求めよ．

[99 大分大]

4. 整式 $f(x)$, $g(x)$ が次の3つの条件を満たすとき、$f(x)$, $g(x)$ を求めよ．
   (A) $f(0) = 3$

   (B) 和 $f(x) + g(x)$ の不定積分は $\dfrac{x^3}{3} + \dfrac{3}{2}x^2 + 4x + C$ （C は定数）である．

   (C) 積 $f(x)g(x)$ の導関数は $3x^2 + 6x + 5$ である．

[99 東京学芸大]

5. $f(x)$ を x の整式とする．このとき、

$$x^4 + 2x^3 + \{f(x)+4\}x^2 = \int_0^x tf(t)dt$$

が x に関する恒等式になるという．
   (1) $f(x)$ の次数を求めよ．
   (2) $f(x)$ を求めよ．

[99 小樽商大]

6. x の整式 $f(x)$、$g(x)$ は条件 $\int_0^x \{f(t)+g(t)\}dt = x^3 + x^2 - 3x$, $f(0) = -6$, $g(0) = 3$, $g(2) = 5$, $f'(x)g'(x) = 8x^2 + 2x - 3$ を満たす．このとき、$f(x)$ と $g(x)$ を求めよ．

[94 西南学院大]

7. 曲線 $y = x^2 - x$ と 2 直線 $y = mx$, $y = nx$ とで囲まれる部分の面積が $\dfrac{37}{6}$ となるように整数 m, n を定めよ．ただし、$m > n > 0$ とする．

[95 関西大]

8. 2 つの関数 $f(x) = x^3 - (2a+1)x^2 + a(a+1)x$, $g(x) = x^2 - ax$ (ただし、$a > 0$) について、
   (1) 2 つの曲線 $y = f(x)$, $y = g(x)$ の交点の座標をすべて求めよ．
   (2) 2 つの曲線が囲む 2 つの部分の面積が等しいときの a の値を求めよ．

[96 立教大]

9. 関数 $f(x) = -x^2 + x + c$ が、等式 $f(x) = -x^2 + x + \dfrac{3}{5}\int_{-1}^{1} f(x)dx$ を満たしている．

   (1) 定数 c の値を求めよ．

   (2) 関数 $y = f(x)$ のグラフと関数 $y = |x| - 1$ のグラフとで囲まれる部分の面積を求めよ．

[98 福岡教育大]

10. 平面上に、放物線 $y = x^2 - 5x + 6$ と直線 $y = kax - a^2 - 5a$ がある.

（1）すべての実数 a に対して、放物線と直線が異なる2点で交わるような定数 k の値の範囲を求めよ.

（2）（1）で求めた範囲にあって、放物線と直線で囲まれる部分の面積が a の値によらず一定になるような定数 k の値を求めよ.

［01　一橋大］

11. xy 平面上で点 P が直線 $x + y + 1 = 0$ 上を動くとき、P から放物線 $y = x^2$ に引いた2接線とこの放物線とで囲まれる面積 S を P の x 座標を用いて表せ. また、S が最小になるような P の x 座標を求めよ.

［99　名古屋大］

解答と解説

章末練習

数と式・集合と論理

練習 A

1. 考え方：共通の部分を1つの固まりと考える．
   - (1) $x^2+6xy+9y^2-4z^2$
   - (2) $9x^2-4y^2+4yz-z^2$
   - (3) $x^4+4x^3+3x^2-2x-20$

2. (1) $(x-5)(x-1)$
   - (2) $(3x-4)(2x-3)$
   - (3) $(xa+3)(x+a)$
   - (4) $(x+4)^3$

3. (1) 商：$x+2$
      余り：$2x+1$
   - (2) 商：$2x^2+x+4$
      余り：$4x+7$
   - (3) 商：$x^2+2xy-3y^2$
      余り：0

4. (1) $\dfrac{\sqrt{2}}{6}$
   - (2) $\dfrac{\sqrt{6}+\sqrt{3}}{3}$
   - (3) $\sqrt{7}-\sqrt{3}$
   - (4) $\dfrac{11+4\sqrt{7}}{3}$

5. 3

6. (1) $4\sqrt{3}$
   - (2) $\dfrac{2\sqrt{3}+3-\sqrt{21}}{12}$

7. 省略．

8．(1) $a=1$　　$b=-2$　　$c=1$
　　(2) $a=3$　　$b=1$　　$c=2$
　　(3) $a=11$　　$b=1$　　$c=-7$

9．(1) $-9<x<1$
　　(2) $2<x<5$
　　(3) $-\dfrac{5}{3}\leq x\leq -1$
　　(4) $-\dfrac{3}{2}\leq x\leq 3$

10．(1) $x=1,\quad \sqrt{2}+1$
　　(2) $\begin{cases}x=2,&3\\y=3,&2\end{cases}$
　　(3) $x<-\dfrac{3}{2},\quad x\geq 2+2\sqrt{3}$

11．省略

12．考え方：相加平均≧相乗平均、すなわち $a\geq 0$、$b\geq 0$ のとき、$\dfrac{a+b}{2}\geq \sqrt{ab}$

13．(1) 必要
　　(2) 必要十分
　　(3) 十分

14．(1) $x^2-3x+2\neq 0 \Rightarrow x\neq 1$
　　(2) $a\neq b \Rightarrow a+c\neq b+c$
　　(3) $b\leq c \Rightarrow ab\leq ac$

練習B

1．考え方：共通な項ができるように式を適当に組合せて展開し、公式を利用する．
　　(1) $x^4+4x^3-7x^2-22x+24$
　　(2) a^8-1
　　(3) x^6-64
　　(4) $x^4-8x^3y+16x^2y^2-25y^4$

2．考え方：1つの文字に着目して展開する．

数と式・集合と論理　199

（1） $a^4 + b^4 + c^4 - 2a^2b^2 - 2b^2c^2 - 2c^2a^2$
（2） $-a^4 - b^4 - c^4 + 2a^2b^2 + 2b^2c^2 + 2c^2a^2$
（3） $a^3 + b^3 + c^3 - 3abc$

3．（1） $(x^2 - x + 5)(x + 1)(x - 2)$
（2） $(a + c)(a - c)(a + b)$
（3） $(x + y + 1)(x + y + 2)$
（4） $(x - y + 2)(2x + y + 1)$
（5）考え方：同じものを加えて引くことにより $A^2 - B^2$ タイプに変形する．
$(x^2 + x + 3)(x^2 - x + 3)$
（6）考え方：展開する時、共通な項が出てくるように組合せると、その後の因数分解が楽になる．
$(x + 2)(x + 6)(x^2 + 8x + 10)$
（7）考え方：展開し、a について降べきの順に整理する．
$-(a - b)(b - c)(c - a)$
（8）考え方：（7）と同じように、展開し、a について降べきの順に整理する．
$(a + b)(b + c)(c + a)$

4．（1） $P = -3x^3 + 10x^2 - 4x + 5$
（2） $P = x + 1$
（3） $P = x^2 - 3x + 1$

5．$x^3 + x^2 + 2x - 5$
考え方：整式 A を整式 B で割った商を Q、余りを R とすると $A = BQ + R$ であることを利用する．ここでは $(x^2 - 1)(x^2 - 3x + 4) = B$ と考える．但し、B の次数 $> R$ の次数．
解：整式 X を $x^2 - 1$ で割った商を Q とすると
$X = (x^2 - 1)Q + 3x - 4$ ……①
Q を $x^2 - 3x + 4$ で割った商を Q' とすると
$Q = (x^2 - 3x + 4)Q' + x + 1$ ……②
②と①に代入すると
$X = (x^2 - 1)\{(x^2 - 3x + 4)Q' + x + 1\} + 3x - 4$
$ = (x^2 - 1)(x^2 - 3x + 4)Q' + (x^2 - 1)(x + 1) + 3x - 4$
$ = (x^2 - 1)(x^2 - 3x + 4)Q' + x^3 + x^2 + 2x - 5$ ……③

③は整式 X を $(x^2-1)(x^2-3x+4)$ で割ったときの商が Q'、余りが3次以下の整式 x^3+x^2+2x-5 であることを示す.

ゆえに、求める余りは x^3+x^2+2x-5

6．(1) $2\sqrt{7}$

(2) 1

(3) 26

7．204

8．考え方：$a>0$、$b>0$ のとき、$\sqrt{a+b\pm2\sqrt{ab}}=\sqrt{a}\pm\sqrt{b}$ $(a>b)$

(1) $\sqrt{3}+\sqrt{2}$

(2) $\sqrt{3}-1$

(3) $\dfrac{\sqrt{10}+\sqrt{2}}{2}$

9．省略.

10．$x=0$　　　$y=3$

11．$a=-1$　　　$b=6$

12．$x=3,\ 15$

考え方：$|x|$ は $x\geq0$、$x<0$ で、$|x-9|$ は $x\geq9$、$x<9$ で場合分けできるから $x<0$、$0\leq x<9$、$x\geq9$ の3通りの場合に分ける.

解：(i) $x<0$ のとき

$|x|=-x$、$|x-9|=-(x-9)$

よって、与えられた方程式は　$-x-(x-9)=x+6$

整理して　$3x=3$　　よって　$x=1$

$x<0$ より、$x=1$ は不適であるから、解なし.

(ii) $0\leq x<9$ のとき

$|x|=x$、$|x-9|=-(x-9)$

よって、与えられた方程式は　$x-(x-9)=x+6$

整理して　$x=3$

(iii) $x\geq9$ のとき

数と式・集合と論理　201

$|x|=x$、$|x-9|=(x-9)$

よって、与えられた方程式は $x+(x-9)=x+6$

整理して $x=15$

(ⅰ)、(ⅱ)、(ⅲ)より $x=3$, 15

13. $x \leq 1$, $x \geq 3$

14. (1) 左辺－右辺 $= ab+1-a-b = (b-1)a-(b-1) = (a-1)(b-1)$

$a>1$、$b>1$ より、$a-1>0$、$b-1>0$

よって $(a-1)(b-1)>0$

ゆえに、左辺＞右辺

(2) $\{\sqrt{2(a+b)}\}^2 - (\sqrt{a}+\sqrt{b})^2 = 2(a+b)-(a+2\sqrt{ab}+b) = a-2\sqrt{ab}+b$

$$= (\sqrt{a}-\sqrt{b})^2 \geq 0$$

ゆえに $\{\sqrt{2(a+b)}\}^2 \geq (\sqrt{a}+\sqrt{b})^2$

$\sqrt{2(a+b)}>0$、$\sqrt{a}+\sqrt{b}>0$ であるから

$$\sqrt{2(a+b)} \geq \sqrt{a}+\sqrt{b}$$

15. 考え方：左辺－右辺で因数分解する．

16. 考え方：直接的な証明が大変なので、証明すべき命題の対偶、すなわち「a、b、cのうち少なくとも1つは偶数ではないならば、$a^2+b^2 \neq c^2$」を証明する．ここで、「a、b、cのうち少なくとも1つは偶数ではない」とは「a、b、cのすべて奇数である」こと．

証明：証明すべき命題の対偶は「a、b、cのすべて奇数ならば、$a^2+b^2 \neq c^2$」

このことを示すために、まず、整数l、m、nを用いて、3つの奇数a、b、cを表すと

$a=2l+1$ $b=2m+1$ $c=2n+1$

従って $a^2=(2l+1)^2=4l^2+4l+1=2(2l^2+2l)+1$

$$b^2 = (2m+1)^2 = 4m^2 + 4m + 1 = 2(2m^2 + 2m) + 1$$
$$c^2 = (2n+1)^2 = 4n^2 + 4n + 1 = 2(2n^2 + 2n) + 1$$

よって
$$a^2 + b^2 = 2(2l^2 + 2l) + 1 + 2(2m^2 + 2m) + 1$$
$$= 2(2l^2 + 2l + 2m^2 + 2m + 1)$$

よって、$a^2 + b^2$ は偶数である．

一方、c^2 は奇数であるから $\quad a^2 + b^2 \neq c^2$

ゆえに、対偶が真であるから、もとの命題も真である．

練習C

1 ．(1) $64x^6 - 729y^6$

(2) $8ac$

2 ．(1) $(x+y-3)(x-2y+1)$

(2) $(x^2 + 3xy - y^2)(x^2 - 3xy - y^2)$

(3) $(x+y+z)(xy+yz+zx)$

(4) $(x+y+1)(x^2+y^2-xy-x-y+1)$

(5) $3(a-b)(b-c)(c-a)$

3 ．$(a,b) = (-2, 1)$、$(4, -5)$

考え方：$x^3 + ax^2 + 2x + b - 3 = (x-1)P(x) + x - 2$ の両辺に $x = 1$ を代入して $a + b = -1$、$x = 2$ を代入して $4a + b + 9 = P(2)$．

4 ．$-2x^3 - 5x^2 - 3x$

考え方：$A = (x^3 + x^2 + x + 1)Q_1(x) - 3x^2 - x + 2$、$A = (x^2 + 2x + 3)Q_2(x) + 5x + 3$ とおく．

5 ．$a = \dfrac{7}{2}$ のとき

$$f(x) = x^3 + \dfrac{9}{2}x^2 + 5x + \dfrac{3}{2} = \dfrac{1}{2}(x+1)(x+3)(2x+1)$$

$$g(x) = x^3 + \dfrac{7}{2}x^2 + 6x + \dfrac{7}{2} = \dfrac{1}{2}(x+1)(2x^2 + 5x + 7)$$

$a = -4$ のとき
$$f(x) = x^3 - 3x^2 + 5x - 6 = (x-2)(x^2 - x + 3)$$
$$g(x) = x^3 - 4x^2 + 6x - 4 = (x-2)(x^2 - 2x + 2)$$

考え方：$f(x)$と$g(x)$が共通因数$h(x)$をもつ → $f(x)-g(x)$は$h(x)$を因数にもつ．

解：共通の因数を$x-\alpha$とすると、$f(x)=(x-\alpha)P(x)$、$g(x)=(x-\alpha)Q(x)$ [$P(x)$、$Q(x)$は整式] とおける．

$f(x)-g(x)=(x-\alpha)\{P(x)-Q(x)\}$から$f(x)-g(x)$も$x-\alpha$を因数にもつ．

$f(x)-g(x)=x^2-x-2=(x-2)(x+1)$であるから

共通の因数が$x+1$の時

$$f(-1)=g(-1)=2a-7=0$$

ゆえに、$a=\dfrac{7}{2}$

このとき $f(x)=x^3+\dfrac{9}{2}x^2+5x+\dfrac{3}{2}=\dfrac{1}{2}(x+1)(x+3)(2x+1)$

$g(x)=x^3+\dfrac{7}{2}x^2+6x+\dfrac{7}{2}=\dfrac{1}{2}(x+1)(2x^2+5x+7)$

共通の因数が$x-2$の時

$$f(2)=g(2)=5a+20=0$$

ゆえに、$a=-4$

このとき $f(x)=x^3-3x^2+5x-6=(x-2)(x^2-x+3)$
$g(x)=x^3-4x^2+6x-4=(x-2)(x^2-2x+2)$

6．（1）$f(0)=f(1)=f(2)=0$
（2）3
（3）$f(x)=x^3-3x^2+2x$

考え方：（1）$x=0,1,-1$を順に代入 （2）（1）から$f(x)=x(x-1)(x-2)g(x)$ [$g(x)$は整式] とおける．$g(x)$の次数をnとし、恒等式の両辺の次数を比較．

7．792

考え方：$X=ax+by$、$Y=ay+bx$とおくと、条件から$X+Y=12$、$XY=26$、また、$X^3+Y^3=(X+Y)^3-3XY(X+Y)$．

8．-3

考え方：$c=-(a+b)$を代入．

9．証明：$\dfrac{1}{a}+\dfrac{1}{b}+\dfrac{1}{c}=\dfrac{1}{a+b+c}$から、$(a+b)(b+c)(c+a)=0$が分かる．

ゆえに、

$$a+b=0 \text{ または } b+c=0 \text{ または } c+a=0$$

$a+b=0$ のとき、
$b=-a$
よって、

$$\frac{1}{a^n}+\frac{1}{b^n}+\frac{1}{c^n}=\frac{1}{a^n}-\frac{1}{a^n}+\frac{1}{c^n}=\frac{1}{c^n}$$

$$\frac{1}{(a+b+c)^n}=\frac{1}{c^n}$$

ゆえに、等式が成り立つ.

$b+c=0$ と $c+a=0$ の場合も同様.

10. $k=-1,\ 4$

11. $x=-3,\ 4\leq x\leq 6$

考え方：$-(x+3)\leq x^2-2x-15\leq x+3$

12. $15cm$

13. $x=2$

解：①、②の共通解を α とおくと①、②から

$$\begin{cases} k\alpha^2-3\alpha+2k=0 & \cdots\cdots ③ \\ k\alpha^2+k\alpha-6=0 & \cdots\cdots ④ \end{cases}$$

③－④から $(k+3)(\alpha-2)=0$ よって $k=-3$ または $\alpha=2$

〔1〕$k=-3$ のとき、①から $-3x^2-3x-6=0$ よって $x^2+x+2=0$
となり、実数解を持たないから不適.

〔2〕$\alpha=2$ のとき、③から $4k-6+2k=0$ よって $k=1$
①から $x^2-3x+2=0$ よって $(x-1)(x-2)=0$
②から $x^2+x-6=0$ よって $(x+3)(x-2)=0$
従って、共通解は $x=2$

〔1〕、〔2〕から、$k=1$、 共通解は $x=2$

14. 考え方：

(1) $\dfrac{1}{2^a}\leq\dfrac{1}{2}$、$\dfrac{1}{2^b}\leq\dfrac{1}{2}$、$\dfrac{1}{2^c}\leq\dfrac{1}{2}$

数と式・集合と論理 205

（2）右辺－左辺 $= 2^{a+b+c}\left\{2-\left(\dfrac{1}{2^a}+\dfrac{1}{2^b}+\dfrac{1}{2^c}\right)\right\}-4 \geq 2^3\left(2-\dfrac{3}{2}\right)-4$

15．考え方：

（1）右辺－左辺 $= p(1-p)x_1^2 + q(1-q)x_2^2 - 2pqx_1x_2 = pq(x_1-x_2)^2$

（2）（1）で $p=q=\dfrac{1}{2}$、$x_1 = a+\dfrac{1}{a}$、$x_2 = b+\dfrac{1}{b}$ とおくと

$a>0$、$b>0$ から $\dfrac{1}{ab} \geq \left(\dfrac{2}{a+b}\right)^2 = 4$

16．（1）証明：$f(s) \geq \dfrac{sf(s+t)}{s+t}$、$f(t) \geq \dfrac{tf(s+t)}{s+t}$ から、

$$f(s)+f(t) \geq \dfrac{s}{s+t}f(s+t) + \dfrac{t}{s+t}f(s+t) = f(s+t)$$

ゆえに $f(s+t) \leq f(s)+f(t)$

（2）証明：$f(x) = \dfrac{x}{1+x^n}$ とおくと $f(s+t) = \dfrac{s+t}{1+(s+t)^n}$、$f(s) = \dfrac{s}{1+s^n}$

よって $\dfrac{f(s)}{s} - \dfrac{f(s+t)}{s+t} = \dfrac{1}{1+s^n} - \dfrac{1}{1+(s+t)^n} \geq 0$ から

$\dfrac{f(s)}{s} \geq \dfrac{f(s+t)}{s+t}$

ゆえに、（1）の結果から $f(a+b) \leq f(a)+f(b)$

従って $\dfrac{a+b}{1+(a+b)^n} \leq \dfrac{a}{1+a^n} + \dfrac{b}{1+b^n}$

関数・2次関数

練習A

1．
 (1)-1　(2)11　(3)2　(4)-4　(5)$2a^2+a-4$　(6)$2a^2-7a+2$

2．
 (1)$-3 \leq y \leq 9$　(2)$-34 \leq y \leq -9$　(3)$0 \leq y \leq 9$　(4)$-2 \leq y \leq 0$

3.

(1) $y_{max} = 4$　(2) $y_{max} = -5$　(3) $y_{max} = 2$　(4) $y_{max} = -\dfrac{23}{2}$

　　$y_{min} = -2$　　$y_{min} = -14$　　$y_{min} = -\dfrac{1}{2}$　　$y_{min} = -\dfrac{33}{2}$

4．省略

5．省略

6．

(1) $y = (x-1)^2 + 1$

(2) $y = (x-5)^2 - 3$

(3) $y = (x+2)^2 + 7$

(4) $y = (x+3)^2 - 4$

7．

(1) $y = (x+2)^2 + 1$

(2) $y = 2(x-\dfrac{3}{4})^2 + \dfrac{7}{8}$

(3) $y = \dfrac{1}{3}(x-\dfrac{3}{2})^2 + \dfrac{1}{4}$

(4) $y = -\dfrac{1}{2}(x-4)^2 + 1$

8．

(1) $y = -(x-1)^2 + 1$

(2) $y = \dfrac{1}{2}(x+1)^2 + 4$

(3) $y = (x-3)^2 + 4$

(4) $y = 9(x-\dfrac{5}{3})^2 + 4$

9．

(1) $\begin{cases} x = 3 \\ y = 1 \\ z = 0 \end{cases}$　(2) $\begin{cases} x = 2 \\ y = -3 \\ z = -9 \end{cases}$　(3) $\begin{cases} x = 1 \\ y = 2 \\ z = 3 \end{cases}$　(4) $\begin{cases} x = -2 \\ y = 4 \\ z = -1 \end{cases}$

関数・2次関数

10.

(1) $y = x^2 - 6x + 5$
(2) $y = -x^2 + 6x - 13$
(3) $y = x^2 - 2x$
(4) $y = -2x^2 + 4x - 3$

11.

(1) $\begin{cases} x = 3 \\ y_{min} = 2 \end{cases}$ (2) $\begin{cases} x = -\dfrac{1}{2} \\ y_{max} = -\dfrac{3}{2} \end{cases}$ (3) $\begin{cases} x = \dfrac{1}{18} \\ y_{min} = \dfrac{47}{16} \end{cases}$ (4) $\begin{cases} x = -\dfrac{1}{2} \\ y_{min} = 2 \end{cases}$

(5) $\begin{cases} x = \dfrac{1}{3} \\ y_{min} = \dfrac{10}{3} \end{cases}$ (6) $\begin{cases} x = 3 \\ y_{max} = -1 \end{cases}$

12.

(1) $\begin{cases} x = 2 \\ y_{min} = 1 \end{cases}$ $\begin{cases} x = 0 \\ y_{max} = 5 \end{cases}$ (2) $\begin{cases} x = -2 \\ y_{max} = 19 \end{cases}$ $\begin{cases} x = 1 \\ y_{min} = -8 \end{cases}$

(3) $\begin{cases} x = 2 \\ y_{min} = \dfrac{7}{3} \end{cases}$ $\begin{cases} x = -2 \\ y_{max} = \dfrac{31}{3} \end{cases}$ (4) $\begin{cases} x = 1 \\ y_{max} = 3 \end{cases}$ $\begin{cases} x = -3 \\ y_{min} = -5 \end{cases}$

13. a=3

14. (1) 0 (2) 1 (3) 0 (4) 0 (5) 1 (6) 2

15. (1) $\begin{cases} a<1, 1 \\ a=1, 2 \\ a>1, 0 \end{cases}$ (2) $\begin{cases} a<\dfrac{11}{2}, 2 \\ a=\dfrac{11}{2}, 0 \\ a>\dfrac{11}{2}, 2 \end{cases}$ (3) $\begin{cases} a<-\dfrac{9}{16}, 0 \\ a=-\dfrac{9}{16}, 1 \\ a>-\dfrac{9}{16}, 2 \end{cases}$ (4) $\begin{cases} a<\dfrac{9}{4}, 2 \\ a=\dfrac{9}{4}, 1 \\ a>\dfrac{9}{4}, 0 \end{cases}$

16.

(1) 0, −2 (2) 2, −2 (3) $\dfrac{-3 \pm \sqrt{13}}{6}$ (4) $\dfrac{5 \pm \sqrt{61}}{6}$

(5) $\dfrac{7 \pm \sqrt{13}}{2}$ (6) $\dfrac{9 \pm \sqrt{21}}{6}$ (7) $\dfrac{3 \pm \sqrt{3}}{2}$ (8) $\dfrac{-2 \pm \sqrt{19}}{3}$

17. (1) 2 (2) 2 (3) 2 (4) 0

18. (1) $x \geq 2 + \sqrt{16}$ かつ $x \leq 2 - \sqrt{16}$ (2) $-8 < x < 8$

(3) $x \geq 3$ かつ $x \leq -5$ (4) $-5 \leq x \leq -2$

(5) $x \neq 0$ (6) なし

(7) R(全体実数)   (8) なし

(9) R(全体実数)

19. (1) $k > -9$ (2) $k > \dfrac{25}{48}$

20. (1) $-3 \leq x \leq 1$ (2) $-2 < x \leq 1$ かつ $2 < x < 6$

21. (1) $k \neq 2$ (2) $k \in R$ のとき複素数範囲で二つ異なる解を持つ.

練習B

1. a=−2, b=3

2. (1) $2a - 1$ (2) $ha + \dfrac{1}{2}h^2 - \dfrac{3}{2}h$

3.

$\begin{cases} a = \dfrac{3}{2} \\ b = \dfrac{7}{2} \end{cases}$ or $\begin{cases} a = -\dfrac{3}{2} \\ b = \dfrac{7}{2} \end{cases}$

4. (1) (0,−4)   (2) (−1,0)   (3) (3,2)   (4) (−1,−2)

5. (1) $(2a, 1-4a^2)$ (1) $(\dfrac{a}{2}, 2+\dfrac{a^2}{4})$ (3) $(-a, -\dfrac{1}{2}a^2)$ (4) $(1, -a-5)$

6.

$\begin{cases} a = 4 \\ b = 2 \end{cases}$ $\begin{cases} a = -4 \\ b = -2 \end{cases}$

7. (1) $\begin{cases} a=3 \\ b=-4 \end{cases}$ (2) $\begin{cases} a=\dfrac{1}{2} \\ b=-\dfrac{3}{2} \end{cases}$ (3) $\begin{cases} a=-4 \\ b=1 \end{cases}$ (4) $\begin{cases} a=8 \\ b=-10 \end{cases}$

8.
$(1) y = x^2 - 2x + 1$

$(2) y = -2(x \pm 3)^2 + 5$

$(3) y = 2(x+2)^2 - 2$

$(4) y = -(x-3)^2 + 7$

$\dfrac{1}{-}x^2 + x + 1$

9.
$(1) y = 2(x$

$(2) y = \dfrac{1}{2}(x-2)^2 - \dfrac{-}{2}$

$(3) y = (x - \dfrac{7}{2})^2 - \dfrac{13}{4}$

$(4) y = (x - \dfrac{1}{2})^2 - \dfrac{73}{12}$

10. a=3, b=-4

11.

(1) $\begin{cases} y = 2(x-\dfrac{1}{2})^2 + \dfrac{1}{2} \\ y = -2(x+\dfrac{1}{2})^2 - \dfrac{1}{2} \\ y = 2(x+\dfrac{1}{2})^2 + \dfrac{1}{2} \end{cases}$ (2) $\begin{cases} y = -(x-\dfrac{3}{2})^2 - \dfrac{11}{4} \\ y = (x+\dfrac{3}{2})^2 + \dfrac{11}{4} \\ y = -(x+\dfrac{3}{2})^2 - \dfrac{11}{4} \end{cases}$

(3) $\begin{cases} y = (x-3)^2 - 2 \\ y = -(x+3)^2 + 2 \\ y = (x+3)^2 - 2 \end{cases}$ (4) $\begin{cases} y = -\dfrac{3}{2}(x-\dfrac{1}{3})^2 - \dfrac{1}{3} \\ y = \dfrac{3}{2}(x+\dfrac{1}{3})^2 + \dfrac{1}{3} \\ y = -\dfrac{3}{2}(x+\dfrac{1}{3})^2 - \dfrac{1}{3} \end{cases}$

１２．

(1) $\begin{cases} y_{\min} = -1 \\ y_{\max} = 1 \end{cases}$ (2) $\begin{cases} y_{\min} = -6 \\ y_{\max} = 3 \end{cases}$ (3) $\begin{cases} y_{\min} = -4 \\ y_{\max} = 4 \end{cases}$ (4) $\begin{cases} y_{\min} = -\dfrac{5}{3} \\ y_{\max} = \dfrac{11}{3} \end{cases}$

１３．

(1) $y = 3(x - \dfrac{1}{2})^2 + 4$

(2) $y = \dfrac{1}{2}(x-1)^2 - 3$

１４．

(1) $4 \geq a \geq 2$ のとき
$\begin{cases} f(x)_{\min} = 1 \\ f(x)_{\max} = 5 \end{cases}$

(2) $0 \leq a < 2$ のとき
$\begin{cases} f(x)_{\min} = a^2 - 4a + 5 \\ f(x)_{\max} = 5 \end{cases}$

(3) $a > 4$ のとき
$\begin{cases} f(x)_{\min} = 1 \\ f(x)_{\max} = a^2 - 4a + 5 \end{cases}$

１５．

(1) $\begin{cases} k = 0 \, or \, 4 \to 1 \\ k < 0 \text{かつ} k > 4 \to 2 \\ 0 < k < 4 \to 0 \end{cases}$

(2) R、0

(3) $\begin{cases} k = 3 \to 1 \\ k < 3 \to 2 \\ k > 3 \to 0 \end{cases}$

16．省略

17．
(1) $\begin{cases} x_1 = \dfrac{1}{2} \\ x_2 = 2 \end{cases}$ (2) $\begin{cases} x_1 = -2 \\ x_2 = \dfrac{1}{3} \end{cases}$ (3) $\begin{cases} x_1 = 0 \\ x_2 = 5 \end{cases}$ (3) $x_{1,2} = \dfrac{-2 \pm \sqrt{5}}{6}$

18．(1) (1, -1)　　(2) (-1, 1)

19．
(1) $\begin{cases} k = -1, 1つ \\ k > -1, 2つ \\ k < -1, 0 \end{cases}$ (2) $\begin{cases} k = -4, 1つ \\ k > -4, 2つ \\ k < -4, 0 \end{cases}$

20．(1) なし

(2) $\dfrac{5 - \sqrt{17}}{2} \leq x \leq \dfrac{5 + \sqrt{17}}{2}$

(3) $x > \dfrac{5}{3}$ かつ $x < 1$

21．$-2 < k < 6$

22．(1) a=-1, b=1

(2) a=1, b=-3

23．
(1) $\begin{cases} x < k - 2\sqrt{k^2 - k - 6} \\ x > k + 2\sqrt{k^2 - k - 6} \end{cases}$

(2) x>-2

24．(1) k<4

(2) k>-3

練習C

1．$k = 3$　　$f(x) = -x^2 + 6x + 4$　　$g(x) = 3x^2 + 7x + 1$

考え方：(B)、(C) から　$f(k) + g(k)$ について：$2k^2 + 13k + 5 = 62$

$f(-k) + g(-k)$ について：$2k^2 - 13k + 5 = -16$

また、(A)、(B) から　$f(x) = a(x - k)^2 + 13 \ (a < 0)$ とおける．

2．（1） $\dfrac{1}{8}$

　　　考え方：$x-x^2=a(x+1)^2$ の判別式を D とすると　$D=0$

　　（2） $y=\dfrac{1}{3}x+\dfrac{1}{9}$

　　　考え方：P 点の座標は $\left(\dfrac{1}{3},\dfrac{2}{9}\right)$

3．前半：$m<-4$　$4<m<9$

　　後半：$m<-4$　$6<m<9$

　　　考え方：交点の x 座標は　$x^2-mx+4=x^2-6x+m$　すなわち $(m-6)x=4-m$ の解．

4．$a=-\dfrac{14}{3}$　$b=1$

　　　考え方：$y=\left(x+\dfrac{a}{2}\right)^2-\dfrac{a^2}{4}+b$ から $-\dfrac{a}{2}\leq\dfrac{3}{2}$、$\dfrac{3}{2}<-\dfrac{a}{2}\leq 3$、$-\dfrac{a}{3}>3$ の場合に分ける．

5．$a=1+2\sqrt{2}$、$-1-2\sqrt{2}$

　　　考え方：$y=f(x)=x^2+ax+b=(x-p)^2+4$ とおく．$p<-\dfrac{1}{2}$ のとき最小値は $f\left(-\dfrac{1}{2}\right)=6$、$p>\dfrac{1}{2}$ のときも同様に $f\left(\dfrac{1}{2}\right)=6$

6．$a=2\sqrt{2}$　$b=-2\sqrt{2}$

7．$y=-3x^2+18x-\dfrac{105}{4}$

考え方：求める放物線は $y=-3(x-3)^2+q$ とおける．これが x 軸と2点 A、B で交わるから $q>0$．2点 A、B の x 座標をそれぞれ α、β とすると、α、β は $-3(x-3)^2+q=0$ の解．また、$|\beta-\alpha|=1$

関数・2次関数

8. xy は $x=y=\dfrac{1}{2}$ のとき最大値 $\dfrac{1}{4}$　　$(x,y)=(1,0),(0,1)$ のとき最小値 0

$x^2y^2+x^2+y^2+xy$ は $(x,y)=(1,0),(0,1)$ のとき最大値 1　　$x=y=\dfrac{1}{2}$ のとき最小値 $\dfrac{13}{16}$

考え方：$xy=t$ とおくと $x^2y^2+x^2+y^2+xy=t^2-t+1$　$0\le t\le\dfrac{1}{4}$

9. （1）$y=t^2-4t-2$

（2）$x=1$ のとき最大値 3

$x=1+\sqrt{3}$ のとき最小値 -6

考え方：$y=(t-2)^2-6$　$-1\le t\le 3$

10. $x=\dfrac{5}{2}$ のとき最小値 $\dfrac{8}{3}$

考え方：与式 $=\dfrac{-6}{(x-1)(x-4)}$ で $(x-1)(x-4)=\left(x-\dfrac{5}{2}\right)^2-\dfrac{9}{4}$ から

$-\dfrac{9}{4}\le(x-1)(x-4)<0$

11. 6 個

12. $p=\dfrac{2}{3}$　$q=-\dfrac{1}{7}$

考え方：条件から $p^2-4q>0$、$\alpha+\beta=-p$、$\alpha\beta=q$、$\alpha+1+\beta+1=3p^2$、$(\alpha+1)(\beta+1)=-2pq$.

13.（1）$m>1$

考え方：$f(x)=mx^2-x-2$ とおくと $f(x)=m\left(x-\dfrac{1}{2m}\right)^2-\dfrac{1}{4m}-2$、判別式 $D=1+8m$. $m>0$ のとき $D\ge 0$、$\dfrac{1}{2m}>-1$、$f(-1)<0$、$m<0$ のとき $D\ge 0$、

$\dfrac{1}{2m} > -1$、$f(-1) > 0$.

(2) $0 < m < 3$

考え方：$m > 0$ のとき $f(1) < 0$、$m < 0$ のとき $f(1) > 0$

(3) $m > 3$

考え方：(1) に加えて $m > 0$ のとき $D \geq 0$、$\dfrac{1}{2m} < 1$、$f(1) > 0$.

14. $1 \leq a \leq \dfrac{17}{8}$

考え方：②の解は $-4 \leq x \leq \dfrac{1}{2}$ であるから $f(x) = x^2 + 2ax + 1$、$f(x) = 0$ の判別式を D として、求める条件は $\dfrac{D}{4} \geq 0$、$f(-4) \geq 0$、$f\left(\dfrac{1}{2}\right) \geq 0$、軸：$-4 \leq -a \leq \dfrac{1}{2}$

15. (1) $0 \leq f(x) \leq \dfrac{a}{4}$

(2) $0 \leq f(f(x)) \leq \dfrac{a}{4}$

指数関数と対数関数

練習 A

1. (1) 128 (2) 9
   (3) $\dfrac{1}{2048}$ (4) $\dfrac{16}{81}$

2. (1) a^{10} (2) b^2
   (3) $a^{12}b^4$ (4) b^{30}
   (5) a^{12} (6) a^4
   (7) $a^{12}b^{26}$ (8) a^4b^7

3. (1) 0.25 または $\dfrac{1}{4}$ (2) 1
   (3) 0.04 または $\dfrac{1}{25}$ (4) 2.25 または $\dfrac{9}{4}$

4．(1) a^{-5} (2) a^9
　　(3) a^{-2} (4) a^2
　　(5) a^{12} (6) a^{-8}

5．(1) -5 (2) $-\dfrac{1}{2}$
　　(3) 5 (4) 3
　　(5) -10 (6) $-\dfrac{1}{4}$

6．(1) 4 (2) 3
　　(3) 3 (4) 4
　　(5) $\dfrac{1}{2}$ (6) 2
　　(7) $\dfrac{1}{4}$

7．(1) $a^{\frac{13}{12}}$ (2) $a^{\frac{11}{6}}$
　　(3) $a^{\frac{7}{12}}$ (4) 4
　　(5) $\dfrac{1}{125}$ (6) $\dfrac{1}{2}$

8．(1) $\sqrt{3^3} > \sqrt[3]{3^4} > \sqrt[4]{3^5}$

　　(2) $0.3^{-\frac{3}{2}} > 0.3^{0.3} > 0.3^4$

　　(3) $\sqrt{\dfrac{1}{2}} > \sqrt[5]{\dfrac{1}{8}} > \sqrt[3]{\dfrac{1}{4}}$

　　(4) $\left(\dfrac{1}{3}\right)^{-3} > \sqrt[2]{3^5} > 3^2$

9．(1) 6 (2) 1
　　(3) 2 (4) -1

10．(1) $x < -3$ (2) $x \geq 1$

(3) $x \leq 0$ (4) $x > -1$

11. (1) $\log_3 9 = 2$ (2) $\log_{10} 0.0001 = -4$

(3) $\log_5 \sqrt[3]{5} = \dfrac{1}{3}$ (4) $\log_{64} 16 = \dfrac{2}{3}$

12. (1) 3 (2) $\dfrac{1}{4}$

(3) $\dfrac{1}{2}$ (4) $-\dfrac{3}{2}$

13. (1) 3 (2) $\sqrt{3}$

(3) 8 (4) 13

(5) 2 (6) 2

14. (1) 3 (2) -2

(3) $-\dfrac{1}{4}$ (4) $\dfrac{3}{4}$

(5) 18 (6) 2

15. (1) 4 (2) 2

(3) 1 (4) 3

(5) 2 (6) 4

16. (1) $0 < x \leq 27$ (2) $0 < x < 125$

(3) $-3 < x < -2$ (4) $2 < x \leq 10$

(5) $x \geq 7$ (6) $0 < x \leq \dfrac{3}{5}$

17. (1) $\log_5 3 < \log_5 4 < \log_5 5$

(2) $\log_{\frac{1}{2}} 11 < \log_{\frac{1}{2}} 9 < \log_{\frac{1}{2}} 7$

(3) $\log_7 \dfrac{7}{5} < \log_7 \sqrt{2} < \log_7 \dfrac{3}{2}$

(4) $5\log_{\frac{1}{4}} 2 < 3\log_{\frac{1}{4}} 3 < 2\log_{\frac{1}{4}} 5$

指数関数・対数関数

練習 B

1. (1) x^2 (2) 2^{-8}
   (3) $\dfrac{5^{15}}{2^6}$ (4) y^{10}
   (5) $\dfrac{1}{2}x^{-9}y^{-2}$ (6) $x^{-5}y^{12}$

2. (1) 7 (2) $\dfrac{1}{3}$
   (3) $3^{\frac{2}{3}}$ (4) $\dfrac{3}{2}$
   (5) $\dfrac{4}{5}$ (6) 7^{-5}

3. (1) $a^{\frac{1}{8}}$ (2) $a^{-\frac{11}{12}}$
   (3) ab (4) $a - 3a^{\frac{1}{3}} + 3a^{-\frac{1}{3}} - a^{-1}$
   (5) $a^5 - b^5$ (6) $a^5 - b^5$

4. (1) $\dfrac{16}{3}$ (2) $\dfrac{7}{3}$

5. (1) $\dfrac{5\sqrt{3}}{6}$ (2) 18

6. (1) $\dfrac{1}{3^3} < 1 < 3^{\frac{1}{3}} < 81^{\frac{1}{5}} < \left(\dfrac{1}{3}\right)^{-1}$

   (2) $\log_3 0.6 < \log_4 3 < \log_3 4 < \dfrac{3}{2}$

7. $x = 0$ のとき、最大値 4
   $x = 1$ のとき、最小値 2

8. (1) $y = t^2 + t + 3 \ (t \geq 2)$
   (2) 最小値 9、$x = 0$ のとき

9. $x < -1$

218 解答と解説

10．(1) $-\dfrac{1}{6}$ (2) 3

(3) 2

11．(1) $x+2y+3z$

(2) $\dfrac{1}{3}(2x+3y-z)$

12．(1) $y=x^3$ (2) 1

13．(1) 2 (2) 2

14．(1) $x=2$ または $x=4$

(2) $x=9$ または $x=\dfrac{1}{3}$

(3) $x=8$ または $x=\dfrac{1}{2}$

15．(1) $1<x<3$ (2) $\left(\dfrac{1}{3}\right)^{\frac{1}{4}} \leqq x \leqq 3$

練習C

1．$x=0$、$-\dfrac{1}{2}$

2．$x=9$、$\dfrac{1}{3}$

3．$\begin{cases} x=2 \\ y=9 \end{cases}$ または $\begin{cases} x=-2 \\ y=9 \end{cases}$

4．$\begin{cases} x=\dfrac{3}{2} \\ y=\dfrac{3}{2} \end{cases}$

5．$\dfrac{-5+\sqrt{73}}{4}<x<1$、$1<x<3$

6．(1) $2^{2x}+\dfrac{1}{2^{2x}}=t^2-2$、$f(x)=t^2-8t-2$

(2) 省略

指数関数・対数関数　219

7. 1

8. $\dfrac{2AB+2}{3A+3}$

9. $c < a < b$

10. -1、0、2

三角関数

練習 A

1. (1) $\sin A = \dfrac{1}{\sqrt{26}}$ $\cos A = \dfrac{5}{\sqrt{26}}$

   (2) $\sin A = \dfrac{3}{\sqrt{10}}$ $\cos A = \dfrac{1}{\sqrt{10}}$

   (3) $\sin A = \dfrac{5}{13}$ $\cos A = \dfrac{12}{13}$

   (4) $\sin A = \dfrac{1}{\sqrt{82}}$ $\cos A = \dfrac{9}{\sqrt{82}}$

2. (1) $\cos A = \dfrac{3}{5}$ $\tan A = \dfrac{4}{3}$

   (2) $\cos A = \dfrac{12}{13}$ $\tan A = \dfrac{5}{12}$

   (3) $\sin A = \dfrac{2\sqrt{10}}{7}$ $\tan A = \dfrac{2\sqrt{10}}{3}$

   (4) $\sin A = \dfrac{\sqrt{7}}{4}$ $\tan A = \dfrac{\sqrt{7}}{3}$

3. (1) $90°$ (2) $120°$

   (3) $60°$、$120°$ (4) $45°$

   (5) $45°$ (6) $150°$

4. (1) $\cos A = \pm\dfrac{4\sqrt{3}}{7}$ $\tan A = \pm\dfrac{1}{4\sqrt{3}}$

   (2) $\cos A = \pm\dfrac{4}{5}$ $\tan A = \pm\dfrac{3}{4}$

(3) $\sin A = \dfrac{\sqrt{5}}{3}$ $\tan A = -\dfrac{\sqrt{5}}{2}$

(4) $\sin A = \dfrac{12}{13}$ $\tan A = \dfrac{12}{5}$

(5) $\sin A = \dfrac{3}{\sqrt{10}}$ $\cos A = \dfrac{1}{\sqrt{10}}$

(6) $\sin A = \dfrac{5}{13}$ $\cos A = \dfrac{12}{13}$

5．(1) 3   (2) 4

   (3) $5\sqrt{3}$ (4) $\dfrac{4\sqrt{3}}{3}$

6．(1) 90°   (2) 60°

   (3) 90°

7．(1) 直角三角形

   (2) 鈍角三角形

   (3) 鋭角三角形

8．(1) $\dfrac{15\sqrt{3}}{4}$ (2) $10\sqrt{3}$

   (3) 8   (4) $\dfrac{3}{4}$

9．$BD = \dfrac{56}{13}$ $DC = \dfrac{35}{13}$

練習 B

1．(1) 0   (2) 1

   (3) 2   (4) 1

   (5) 0   (6) 1

2．(1) $-\dfrac{16}{81}$ (2) $-\dfrac{207}{16}$

3．(1) -1 (2) 0

   (3) 2

4．(1) 90°   (2) 30°

5．（1） $30° \leq A \leq 150°$ （2） $30° < A \leq 180°$
   （3） $90° < A \leq 135°$ （4） $60° \leq A \leq 90°$

6．（1） $A = 30°$　　$B = 60°$　　$C = 90°$
   （2） $1 : \sqrt{3} : 2$

7．$c = 3\sqrt{2}$　$A = 75°$　$C = 60°$ または $c = \sqrt{6}$　$A = 105°$　$C = 30°$

8．（1） $c = b$ の二等辺三角形
   （2） $A = 90°$ または $C = 90°$ の直角三角形
   （3） $B = 90°$ の直角三角形

9．$22 : 17 : 8$

10．$\dfrac{40}{9}$

11．$6 + 2\sqrt{3}$

練習C

1．$\cos^2 x = \dfrac{\sqrt{5}-1}{2}$、$\tan^2 x = \dfrac{\sqrt{5}-1}{2}$

2．$\tan\theta = -5$、$\dfrac{1}{5}$

　考え方：与式の両辺を $\cos^2\theta (\neq 0)$ で割る．

3．$\sqrt{13}$、$3\sqrt{3}$、$\dfrac{12\sqrt{3}}{7}$

4．$60°$

　考え方：$A(0, 0)$、$B(2, 0)$ とすると、条件から $C(x, 1)$ とおける．このとき、

$$BC^2 + (2\sqrt{3}-1)AC^2 = 2\sqrt{3}\left(x - \dfrac{1}{\sqrt{3}}\right)^2 + 4 + \dfrac{4\sqrt{3}}{3}$$

5．順に：$\dfrac{11}{16}$、$\dfrac{3\sqrt{15}}{16}$、$\dfrac{3\sqrt{15}}{4}$、$\dfrac{\sqrt{15}}{6}$、$\dfrac{8\sqrt{15}}{15}$

6．$\angle B$ または $\angle A$ が $90°$ の直角三角形

　考え方：余弦定理と正弦定理をも用いて辺の関係式に直す．

7．正弦：$\dfrac{\sqrt{3}}{2}$、余弦：$-\dfrac{1}{2}$

　考え方：3辺の長さはすべて正であるから、$x < -2$．このとき、$x^2 + x + 1$ が最大辺と

なる．

8．(1) $AD = \dfrac{x}{x^2+1}$

(2) $x=1$ のとき AD の最大値は $\dfrac{1}{2}$

考え方：三角形の2等分線、垂線、中線、面積、正弦、余弦、中線定理などを利用．

9．(1) $\sin x \cos y = -1 + \sqrt{2}|t|$

考え方：3辺を平方して、$\cos x$、$\sin y$ を消去して両辺加えると
$$2t^2 = 1 + 2\sin x \cos y + \sin^2 x \cos^2 y$$

(2) $-2\sqrt{2}+2 \leq t \leq 2\sqrt{2}-2$

考え方：$\sin x \cos y = -1 + \sqrt{2}|t|$ であるから、$f(X) = X^2 - tX + \sqrt{2}|t| - 1 = 0$、
$-1 \leq X \leq 1$　よって　$D \geq 0$、$-1 \leq \dfrac{t}{2} \leq 1$、$f(1) \geq 0$、$f(-1) \geq 0$

10．順に：$-\dfrac{3}{8}$、$\dfrac{-4+\sqrt{7}}{3}$

考え方：$\sin\theta + \cos\theta = t$ とおくと、$\sin\theta\cos\theta = \dfrac{t^2-1}{2}$、$\sin^3\theta + \cos^3\theta = \dfrac{11}{16}$ から、$8t^3 - 24t + 11 = 0$

11．$\theta = 0°$、$60°$、$180°$、$240°$

考え方：$\cos\theta = 0$ の式を満たさないから、方程式の両辺を $\cos^2\theta$ で割ると、
$\tan^2\theta - \sqrt{3}\tan\theta = 0$

12．$x = 22.5° + 45° \times n$ (n は整数)

考え方：$(\sin^2 x + \cos^2 x)^2 - 8\sin^2 x \cos^2 x = 0$ から $2\sin^2 2x = 1$

ゆえに、$\sin 2x = \pm\dfrac{1}{\sqrt{2}}$

13．$-\dfrac{16\sqrt{7}}{9}$

考え方：$\cos\theta - \sin\theta = \dfrac{1}{2}$ から、$\sin\theta\cos\theta = \dfrac{3}{8}$、

$$(\sin\theta + \cos\theta)^2 = 1 + 2\sin\theta\cos\theta = \frac{7}{4}、$$

$$0° < \theta < 90° \text{から、} \cos\theta + \sin\theta = \frac{\sqrt{7}}{2}、$$

$$\tan^2\theta - \frac{1}{\tan^2\theta} = \frac{(\sin\theta + \cos\theta)(\sin\theta - \cos\theta)}{(\sin\theta\cos\theta)^2}$$

平面図形と空間図形

練習 A

1. (1) $4\sqrt{6}$　　(2) $\dfrac{3\sqrt{2}}{2}$　　(3) $5\sqrt{2}$

2. (1) $C = 45°$, $A = 105°$　または　$C = 90°$, $A = 45°$
   (2) $B = 75°$, $C = 60°$

3. (1) $2\sqrt{7}$　　(2) $\sqrt{39}$　　(3) $\sqrt{2}$

4. (1) $a = 2\sqrt{6}$　　$B = 60°$, $C = 75°$　または　$B = 120°$, $C = 15°$
   (2) $b = \sqrt{3} + 1$　　$B = 75°$, $C = 60°$

5. $\cos C = \dfrac{7}{8}$

6. (1) $\cos C = \dfrac{7}{8}$　　(2) $3\sqrt{15}$

7. (1) $\dfrac{\sqrt{2}}{4}$　　(2) 辺 BC の中点

8. $\cos x = \dfrac{1}{3}$, $\cos y = \dfrac{\sqrt{3}}{3}$

9. $4\sqrt{7}$

10. (1) $E\left(\dfrac{8}{5}\right)$　　(2) $E\left(-\dfrac{64}{7}\right)$
    (3) $E\left(-\dfrac{19}{2}\right)$

１１．(1) (-10)　(2) $\left(-\dfrac{2}{3}\right)$

１２．(1) $5\sqrt{2}$　　　　　　　　　(2) 10

(3) $\dfrac{5}{3}$　　　　　　　　　(4) $\dfrac{\sqrt{1165}}{20}$

１３．(1) 内分する点：$\left(\dfrac{6}{7}, -\dfrac{12}{7}\right)$　外分する点：$(18, -36)$

(2) 内分する点：$\left(-\dfrac{6}{7}, \dfrac{23}{7}\right)$　外分する点：$(-18, -41)$

(3) 内分する点：$\left(\dfrac{6}{35}, -\dfrac{12}{35}\right)$　外分する点：$\left(\dfrac{18}{5}, -\dfrac{36}{5}\right)$

(4) 内分する点：$\left(\dfrac{25}{42}, \dfrac{27}{35}\right)$　外分する点：$\left(\dfrac{5}{6}, \dfrac{21}{5}\right)$

１４．(1) $(6, 0)$

(2) $(6, 8)$

１５．(1) $y = -4x + 8$

(2) $5x - 3y - 27 = 0$

(3) $y = -4$

１６．(1) $6x + y - 26 = 0$　　　　(2) $x - y - \dfrac{9}{2} = 0$

(3) $3x - 5y + 20 = 0$　　　(4) $14x - 5y - 9 = 0$

１７．交点の座標：$(3, -4)$
　　　直線の方程式：$3x + y - 5 = 0$

１８．(1) $2x + y - 14 = 0$

(2) $x - 2y + 13 = 0$

１９．(1) $(-3, 4)$　　　　　　　　(2) $\left(\dfrac{84}{25}, -\dfrac{87}{25}\right)$

２０．(1) $\dfrac{6\sqrt{10}}{5}$　　　　　　　　(2) 0

２１．(1) $x^2 + y^2 = 5$　　　　　(2) $(x+5)^2 + (y-1)^2 = 36$

(3) $(x-3)^2 + (y+5)^2 = 122$　　　　(4) $(x-1)^2 + (y+2)^2 = 25$

２２．(1) 中心：$(2, -4)$　　半径：$2\sqrt{5}$

(2) 中心：$\left(\dfrac{3}{4}, -\dfrac{5}{4}\right)$　　半径：$\dfrac{\sqrt{34}}{4}$

２３．(1) $(1, 1)$　　$\left(-\dfrac{1}{5}, -\dfrac{7}{5}\right)$

(2) $(6, 1)$　　$\left(\dfrac{2}{5}, -\dfrac{9}{5}\right)$

２４．(1) 2個　　(2) 0個　　(3) 0個

２５．(1) $3x - \sqrt{7}y - 12 = 0$　　$3x + \sqrt{7}y - 12 = 0$

(2) $x = 3$　　$8x - 15y + 51 = 0$

(3) $\sqrt{3}x - y + 6 = 0$　　$\sqrt{3}x + y - 6 = 0$

(4) $x = -3$　　$y = -3$

２６．$y = \sqrt{3}x + 10$　　$y = \sqrt{3}x - 10$

２７．$2\sqrt{3} - 2$

２８．$PC = 3$　　$QC = 21$

２９．4

３０．(1) $9 : 8$　　　　　　　　　(2) $4 : 1$

３１．(1) $QA = 6$

解：$\triangle ABC$ と直線 PQ に対して、メネラウスの定理を用いると

$$\dfrac{AR}{RB} \cdot \dfrac{CQ}{AQ} \cdot \dfrac{BP}{CP} = 1$$

$$\Rightarrow \dfrac{5}{2} \cdot \dfrac{2}{AQ} \cdot \dfrac{6}{10} = 1$$

よって、

$$QA = 6$$

（2）$QA = 2$

解：$\triangle ABC$ と直線 PR に対して、メネラウスの定理を用いると

$$\frac{BP}{PC} \cdot \frac{CQ}{AQ} \cdot \frac{AR}{RB} = 1$$

$$\Rightarrow \frac{6}{9} \cdot \frac{4+QA}{AQ} \cdot \frac{2}{4} = 1$$

よって、

$$QA = 2$$

練習 B

1．$\sin 75° = \dfrac{\sqrt{6}+\sqrt{2}}{4}$, $\sin 15° = \dfrac{\sqrt{6}-\sqrt{2}}{4}$

考え方：辺 AE と辺 CE の長さを求めて、正弦定理を用いて求める．

2．$a:b:c = 8:7:3$

考え方：正弦定理を $\sin A = \dfrac{a}{2R}$ を変形する．$\sin B, \sin C$ も同様．

解：正弦定理を変形すると

$$\sin A = \frac{a}{2R},\ \sin B = \frac{b}{2R},\ \sin C = \frac{c}{2R}$$

したがって

$$\sin A : \sin B : \sin C = \frac{a}{2R} : \frac{b}{2R} : \frac{c}{2R} = a:b:c$$

$\sin A : \sin B : \sin C = 8:7:3$ より、$a:b:c = 8:7:3$

3．（1）$\angle A = 30°$ 　　　$\angle B = 45°$ 　　　$\angle C = 105°$

解：$\cos A = \dfrac{b^2+c^2-a^2}{2bc} = \dfrac{2+\dfrac{8+4\sqrt{3}}{4}-1}{2 \cdot \sqrt{2} \cdot \dfrac{\sqrt{6}+\sqrt{2}}{2}} = \dfrac{\sqrt{3}}{2} \Rightarrow \angle A = 30°$

同様に、$\angle B = 45°$

$\angle A + \angle B + \angle C = 180°$ によって、$\angle C = 105°$

（2）鈍角三角形

4．（1）$\cos A = \dfrac{13-4t^2}{12}$

解：$\cos A = \dfrac{b^2+c^2-a^2}{2bc} = \dfrac{\dfrac{9}{4}+1-t^2}{2\cdot\dfrac{3}{2}\cdot 1} = \dfrac{13-4t^2}{12}$

(2) $\dfrac{\sqrt{13}}{2} < t \leq \dfrac{\sqrt{19}}{2}$

解：$90° < A \leq 120°$ のとき、$-\dfrac{1}{2} \leq \cos A < 0$ である．

ゆえに　$-\dfrac{1}{2} \leq \dfrac{13-4t^2}{12} < 0$

よって　$\dfrac{\sqrt{13}}{2} < t \leq \dfrac{\sqrt{19}}{2}$

5．二等辺三角形

解：正弦定理により　$\sin A = \dfrac{a}{2R}$、$\sin B = \dfrac{b}{2R}$、

余弦定理により　$\cos A = \dfrac{b^2+c^2-a^2}{2bc}$、$\cos B = \dfrac{a^2+c^2-b^2}{2ac}$

$\dfrac{\sin A}{\sin B} = \dfrac{\cos A}{\cos B} \Rightarrow \dfrac{a}{b} = \dfrac{a(b^2+c^2-a^2)}{b(a^2+c^2-b^2)} \Rightarrow a=b$

よって　△ABCは二等辺三角形である．

6．$129:116:(-55)$

解：$a=3k$、$b=4k$、$c=6k$ とすると

$$\cos A = \dfrac{b^2+c^2-a^2}{2bc} = \dfrac{43}{40}$$

同様に、$\cos B = \dfrac{29}{30}$、$\cos C = -\dfrac{11}{24}$

よって　$\cos A : \cos B : \cos C = 129 : 116 : (-55)$

7．$13:7:8$

8．$AD = \dfrac{12\sqrt{3}-3\sqrt{33}}{8}$

解：正弦定理により、$BC^2 = AB^2 + AC^2 - 2AB\cdot AC\cdot \cos A = 49$
よって　$BC = 7$

AD は∠A の二等分線であるから

$$\frac{BD}{DC} = \frac{AB}{AC} \Rightarrow BD = \frac{21}{8}$$

△BAD において、正弦定理により

$$\cos \angle BAD = \frac{AB^2 + AD^2 - BD^2}{2 \cdot AB \cdot AD} = \frac{9 + AD^2 - \frac{441}{64}}{2 \cdot 3 \cdot AD} = \frac{\sqrt{3}}{2}$$

よって　　$AD = \dfrac{12\sqrt{3} - 3\sqrt{33}}{8}$

9．(1) $BC = 5\sqrt{2}$

解：四角形 $ABCD$ が円に内接しているから、$A + \theta = 180°$ である．

　　ゆえに　　$\cos A = -\cos\theta \Rightarrow \dfrac{64 + 49 - BC^2}{2 \cdot 7 \cdot 8} = \dfrac{16 + 16 - BC^2}{2 \cdot 4 \cdot 4}$

　　よって　　$BC = 5\sqrt{2}$

(2) $\cos\theta = -\dfrac{9}{16}$

(3) $\dfrac{45\sqrt{7}}{4}$

解：(2)より、$\sin\theta = \sqrt{1 - \cos^2\theta} = \dfrac{5\sqrt{7}}{16}$

正弦定理により　　$S_{ABC} = \dfrac{1}{2} \cdot AB \cdot AC \cdot \sin\theta$

$$S_{BCD} = \frac{1}{2} \cdot DC \cdot DB \cdot \sin\theta$$

$S_{ABCD} = S_{ABC} + S_{BCD}$ であるから

$$S_{ABCD} = \frac{1}{2} \cdot AB \cdot AC \cdot \sin\theta + \frac{1}{2} \cdot DC \cdot DB \cdot \sin\theta$$

$$= \frac{1}{2} \cdot \sin\theta \cdot (AB \cdot AC + DC \cdot DB)$$

$$= \frac{45\sqrt{7}}{4}$$

１０．省略

１１．EF を $1:4$ に外分する．

１２．$C(-9)$ または $C(-3)$

１３．5、$-\dfrac{1}{3}$

１４．（１）$x = -2$　　　　　　　　（２）$x = 40$

１５．（１）$S = \dfrac{1}{2}ab$

　　　（２）$a = 2$、$b = 6$

　　　　　解：直線 $ax + by = ab$ が点 $\left(\dfrac{15}{2}, -\dfrac{1}{2}\right)$ を通るから

$$\dfrac{15}{2}a - \dfrac{1}{2}b = ab \quad \cdots\cdots ①$$

　　　　　$S = 6$ より　　$ab = 12$　　$\cdots\cdots ②$

　　　　　②を①に代入すると、$b = 15a - 24$　　$\cdots\cdots ③$

　　　　　③を②に代入すると、$5a^2 - 8a - 4 = 0$

　　　　　よって　　$a = -\dfrac{2}{5}$、2

　　　　　$a > 0$ より　　$a = 2$

　　　　　③に代入すると　　$b = 6$

１６．$(5, -2)$

　　　解：直線の方程式を整理すると

$$kx + x + 2ky - 7y = k + 19$$
$$\Rightarrow (x + 2y)k + (x - 7y) = k + 19$$

　　　ゆえに

$$\begin{cases} x + 2y = 1 \\ x - 7y = 19 \end{cases}$$

　　　よって

$$\begin{cases} x = 5 \\ y = -2 \end{cases}$$

１７．（１）$9 - 5b = 0$

　　　（２）$a = 5$、$b = 1$

１８．省略

１９．５

２０．（１）$(x-3)^2+(y+1)^2=17$

（２）$(x-3)^2+(y+3)^2=9$

（３）$x^2+(y-1)^2=9$

２１．（１）$\left(\dfrac{5}{2},\ \pm\dfrac{5\sqrt{3}}{2}\right)$

（２）$(2, 4)$、$(-1, 7)$

２２．（１）$y=-x+a+b$

（２）$\left(\dfrac{a+b-3}{2},\ \dfrac{a+b+3}{2}\right)$

２３．$x+y-2=0$

２４．平行：$x-y+1=0$

垂直：$x+y-5=0$

２５．（１）$2x-y-4=0$

（２）$x^2+y^2-2x+y=0$

２６．省略

２７．（１）$\dfrac{10}{3}$

（２）$3:2$

２８．省略

２９．省略

３０．省略

３１．省略

練習 C

１．$a=-1$、$\dfrac{1}{2}$、1

考え方：２直線が平行か、３直線が１点で交わる．

２．$x+7y-9=0$、$7x-y-3=0$

３．（１）$(1, 1)$

平面図形・空間図形　231

(2) $a = -3 + \sqrt{10}$

4．ア：26、イ：$\dfrac{20}{3}$、ウ：$\dfrac{63}{2}$、エ：-8、オ：18、カ：9、キ：15、ク：36

5．$\dfrac{8(2-m)}{3m+4}$

考え方：$\dfrac{ma}{2} = \dfrac{1}{2} \cdot \dfrac{a+q}{2} + 2$、$\dfrac{ma}{a-q} = 2$

6．$S = \dfrac{a^2+a+1}{2(a^2+1)}$

考え方：①と②、②と③、③と①の交点の座標を求めると

$$\left(-\dfrac{a}{a^2+1}, \dfrac{a(a^2+a+1)}{a^2+1}\right)、(0, a+1)、(1, 0)$$

①⊥②を利用する．

7．$k = 3 \pm \sqrt{2}$

考え方：円の中心をC、円と直線の2つの交点をA、B、直線ABの中点Mとすると、三平方の定理から

$$CM = \sqrt{AC^2 - AM^2} = 1$$

よって　　$\dfrac{|1 \cdot 2 + 1 \cdot 1 - k|}{\sqrt{1^2+1^2}} = 1$

8．$-\dfrac{1}{4} < k \leq \dfrac{7}{8}$

考え方：2交点を(x_1, y_1)、(x_2, y_2)とするとき、$x^2 - (x+k) = 0$で$x_1 + x_2 = 1$、$x_1 x_2 = -k$

9．$P(0, 1 \pm \sqrt{2})$

考え方：$P(0, a)$とする．直線$y = mx + a$が円と接する条件は$\dfrac{|4m - 1 + a|}{\sqrt{m^2+1}} = 3$

これを満たす2つのmの値をm_1、m_2とすると、$m_1 m_2 = -1$

１０．$3x \pm \sqrt{7}y = 8$、$x \pm \sqrt{15}y = 8$

考え方：A 上の点 (a,b) における接線は $ax + by = 4$ $(a^2 + b^2 = 4)$ とおける．

B に接するから、$\dfrac{|4a - 4|}{\sqrt{a^2 + b^2}} = 2|a - 1| = 1$

１１．（１）$\dfrac{1}{3}$

（２）$\dfrac{\sqrt{2}}{12}a^3$

考え方：A から $\triangle BDC$ に下ろした垂線の足を H とおくと、$AH = \dfrac{\sqrt{6}}{3}a$

数列と級数

練習 A

1．（１）7、9、11、13、15
（２）8、27、64、125、216
（３）-2、4、-8、16、-32
（４）1、$\dfrac{1}{2}$、$\dfrac{1}{3}$、$\dfrac{1}{4}$、$\dfrac{1}{5}$
（５）0、1、0、1、0

2．（１）$a_n = 7n - 6$
（２）$a_n = 2n + 4$
（３）$a_n = 4n - 25$
（４）$a_n = -3n + 25$
（５）$a_n = -3n + 18$

3．（１）公差 4
（２）(i) 公差 8　　(ii) 公差 2　　(iii) 公差 2

4．（１）432　　　　　　　　　（２）260
（３）336　　　　　　　　　（４）-351

5．（１）11　　　　　　　　　（２）29

6．（１）$a_n = 4^n$　　　　　　　（２）$2 \cdot 3^{n-1}$

数列・級数　233

(3) $(-2)^{n-1}$ (4) $a_n = 4 \cdot (-3)^{n-1}$

(5) $a_n = 48 \cdot \left(\dfrac{1}{2}\right)^n$ (6) $a_n = 5 \cdot \left(-\dfrac{1}{2}\right)^{n-1}$

7．(1) 等比数列である、公比2
　　(2) 等比数列ではない
　　(3) 等比数列である、公比6

8．(1) $a_n = 2 \cdot 3^{n-1}$

　　(2) $a_n = \dfrac{3}{2} \cdot 4^{n-1}$ 　　$a_n = \left(-\dfrac{3}{2}\right)(-4)^{n-1}$

　　(3) $a_n = 5 \cdot 2^{n-1}$

　　(4) $a_n = \dfrac{4}{9}(-3)^{n-1}$

9．(1) $\dfrac{15}{4} \cdot (5^n - 1)$ (2) $\dfrac{2}{3}\{1 - (-2)^n\}$

　　(3) $8 \cdot \left\{1 - \left(\dfrac{1}{2}\right)^n\right\}$ (4) $-\dfrac{3}{2}\{1 - (-1)^n\}$

　　(5) $\dfrac{48}{5}\left\{1 - \left(-\dfrac{1}{4}\right)^n\right\}$ (6) $-\dfrac{81}{2} \cdot \left\{1 - \left(\dfrac{1}{3}\right)^n\right\}$

10．$a_n = 2 \cdot 3^{n-1}$

11．(1) $5a_1 + 5a_2 + 5a_3 + 5a_4$
　　(2) $(a_1 - 2b_1) + (a_2 - 2b_2) + (a_3 - 2b_3)$
　　(3) $(a_1 + b_1) + (a_2 + b_2) + (a_3 + b_3) + (a_4 + b_4)$
　　(4) $a_2 a_3 + a_3 a_4 + a_4 a_5 + a_5 a_6$

12．(1) $\displaystyle\sum_{k=1}^{15} k^2$ (2) $\displaystyle\sum_{k=1}^{9} k(k+1)$

(3) $\sum_{k=1}^{n}(2k-1)$ (4) $\sum_{k=1}^{n}3^k$

13. (1) $n(n+6)$ (2) $-n(2n-1)$

    (3) $\dfrac{1}{3}n(n+1)(n+2)$ (4) $\dfrac{1}{3}n(2n^2-3n+4)$

    (5) $n(n+1)(n-3)$ (6) $\dfrac{1}{6}n(n-1)(8n+11)$

    (7) $\dfrac{1}{4}n(n+1)(n^2+n+6)$ (8) $\dfrac{1}{2}n(n+1)(n^2-n-1)$

14. (1) $\sum_{k=1}^{n}(2k-1)$、和 n^2

    (2) $\sum_{k=1}^{n}k(3k-1)$、和 $n^2(n+1)$

    (3) $\sum_{k=1}^{n}(2k-1)\cdot 2k$、和 $\dfrac{1}{3}n(n+1)(4n-1)$

    (4) $\sum_{k=1}^{n}(2k-1)\cdot(2k+1)$、和 $\dfrac{1}{3}n(4n^2+6n-1)$

    (5) $\sum_{k=1}^{n}(2k-1)^2$、和 $\dfrac{1}{3}n(2n-1)(2n+1)$

    (6) $\sum_{k=1}^{n}(k+1)\cdot k^2$、和 $\dfrac{1}{12}n(n+1)(n+2)(3n+1)$

    (7) $\sum_{k=1}^{n}k(k+1)(2k+1)$、和 $\dfrac{1}{2}n(n+1)^2(n+2)$

練習B

1. $\dfrac{2}{3}$

2. (1) 第23項 (2) 第87項

3. $x=13$、$y=8$ 公差 -5

4. 1、5、9 または 9、5、1

5. 25

考え方：初項から第n項までの和S_nを、nを用いて表すとnの2次式になる．従って、平方完成してS_nが最大になるような自然数nの値を調べる．

数列・級数 235

解：初項から第n項までの和S_nとすると
$$S_n = \frac{1}{2}n\{2\cdot 188 + (n-1)\cdot(-8)\}$$
$$= -4n^2 + 192n$$
従って、第24項までの和が最大となる．

6．735

考え方：2つの数列$\{a_n\}$、$\{b_n\}$を書き出すことにより、共通項を次々と見つけられる．

解：数列$\{b_n\}$は　4、7、10、13、16、19、22、25、28、…
　　　数列$\{a_n\}$は　1、3、5、7、9、11、13、15、17、19、…
であるから、この2つの数列に共通に含まれる項を並べると
$$7、13、19、\cdots$$
この数列$\{c_n\}$は初項7、公差6の等差数列であるから　$c_n = 7 + (n-1)\cdot 6 = 6n+1$
求める和をSとすると
$$S = \frac{1}{2}\cdot 15\{2\cdot 7 + (15-1)\cdot 6\} = 735$$

7．(1) $a_n = \sqrt{2}\cdot(\sqrt{3})^n$　　　　(2) $a_n = \sqrt{5}\cdot(-1)^{n-1}$

8．(1) $a \neq \frac{1}{2}$のとき、$\dfrac{(2a)^n - 1}{2a - 1}$　　$a = \frac{1}{2}$のとき、n

　(2) $a \neq -1$のとき、$\dfrac{a\{1-(-a)^n\}}{1+a}$　　$a = -1$のとき、$-n$

9．解：$a_2 = a_1 r$、$a_3 = a_1 r^2$、$a_4 = a_1 r^3$、…、$a_n = a_1 r^{n-1}$、$a_{n+1} = a_1 r^n$であるから

$$a_1 a_2 + a_2 a_3 + a_3 a_4 + \cdots + a_n a_{n+1}$$
$$= a_1 \cdot a_1 r + (a_1 r)(a_1 r^2) + (a_1 r^2)(a_1 r^3) + \cdots + (a_1 r^{n-1})(a_1 r^n)$$
$$= a_1^2 r + a_1^2 r^3 + a_1^2 r^5 + \cdots + a_1^2 r^{2n-1}$$
$$= a_1^2 r(1 + r^2 + r^4 + \cdots + r^{2(n-1)}) \quad \cdots ①$$

ここで、$1 + r^2 + r^4 + \cdots + r^{2(n-1)}$は初項1、公比$r^2$、項数$n$の等比数列の和である．
$r^2 \neq 1$のとき、$1 + r^2 + r^4 + \cdots + r^{2(n-1)} = \dfrac{1\cdot\{(r^2)^n - 1\}}{r^2 - 1} = \dfrac{r^{2n}-1}{r^2-1}$　　$\cdots ②$

②を①に代入すると

$$a_1a_2 + a_2a_3 + a_3a_4 + \cdots + a_na_{n+1} = a_1^2 r(1 + r^2 + r^4 + \cdots + r^{2(n-1)})$$
$$= a_1^2 r \cdot \frac{r^{2n}-1}{r^2-1} = \frac{a_1^2 r \cdot (r^{2n}-1)}{r^2-1}$$

$r^2 = 1$、すなわち、$r = \pm 1$ のとき

①より、$a_1a_2 + a_2a_3 + a_3a_4 + \cdots + a_na_{n+1} = \pm a_1^2(1+1+1+\cdots+1) = \pm na_1^2$

１０．省略．

１１．（１）$\dfrac{5}{4}(5^n - 1)$　　　　　（２）$\dfrac{2}{3}\left\{1 - \left(-\dfrac{1}{2}\right)^n\right\}$

（３）$2(2^n - 1) - \dfrac{1}{2}n(n+1)$　　（４）$n^3 - \dfrac{11}{2}n^2 + \dfrac{11}{2}n + 3$

１２．（１）$\displaystyle\sum_{i=1}^{k}(2i-1)$

（２）$\dfrac{1}{6}n(n+1)(2n+1)$

考え方：$a_1 = 1$、$a_2 = 1+3$、… であるから　$a_k = 1 + 3 + 5 + \cdots + (2k-1)$

解：（１）$a_k = 1 + 3 + 5 + \cdots + (2k-1) = \displaystyle\sum_{i=1}^{k}(2i-1)$

（２）求める和 S_n は
$$S_n = a_1 + a_2 + a_3 + \cdots + a_n$$
$$= \sum_{k=1}^{n} a_k = \sum_{k=1}^{n}\left(\sum_{i=1}^{k}(2i-1)\right)$$
$$= \sum_{k=1}^{n}\left(2 \cdot \frac{k(k+1)}{2} - k\right)$$
$$= \sum_{k=1}^{n} k^2 = \frac{1}{6}n(n+1)(2n+1)$$

１３．$\dfrac{1}{2}n^2(n+1)$

練習C

１．2556

考え方：$a_m = 7m - 2$、$b_n = 4n + 2$ とする．$a_m = b_n$ とすると $7m = 4(n+1)$

$m = 4k$ (k は正の整数)とおけるから、共通項は $a_{4k} = 28k - 2$

$28k - 2 \leq 2000$ から $k = 1, 2, 3, \cdots, 71$

2．(1) $r = 1 + \sqrt{2}$、$s = 1 - \sqrt{2}$

　　考え方：条件から $r + s = 2$、$rs = -1$

(2) 省略

　　考え方：$2x_{n+1} + x_n = r^{n-1}(2r + 1) + s^{n-1}(2s + 1) = r^{n+1} + s^{n+1}$

3．(1) $a_t = \dfrac{t-r}{s-r} a_s + \dfrac{s-t}{s-r} a_r$

　　解：公差を d とおくと　$a_t - a_r = d(t - r)$、$a_s - a_r = d(s - r)$

　　これらから d を消去すると　$\dfrac{a_t - a_r}{t - r} = \dfrac{a_s - a_r}{s - r}$

　　ゆえに　$a_t = \dfrac{t-r}{s-r}(a_s - a_r) + a_r = \dfrac{t-r}{s-r} a_s + \dfrac{s-t}{s-r} a_r$

(2) 証明：連続する3項を考えて、$s = t + 2$、$r = t + 1$ とおくと

$$a_t = \frac{t - (t+1)}{(t+2) - (t+1)} a_{t+2} + \frac{(t+2) - t}{(t+2) - (t+1)} a_{t+1} = -a_{t+2} + 2a_{t+1}$$

よって　$a_{t+1} - a_t = a_{t+2} - a_{t+1}$　これが任意の t について成り立つならば $a_2 - a_1 = a_3 - a_2 = a_4 - a_3 = \cdots$ となる．よって、隣接する2項の差が一定であるから $\{a_n\}$ は等差数列である．

4．$a = 1$、$b = 1$、$c = 2$

　　考え方：(A)から $4 + x_2 = 2x_1$ で、$x_1 = -a + b + c$、$x_2 = -4a + 2b + c$ から $2a + c = 4$

$$(B) から \left(\frac{x_n - x_{n+1}}{2}\right)^2 \geq 1$$

5．(1) $S_n = \dfrac{1}{3} n(2n - 1)(2n + 1)$

(2) $T_n = \dfrac{3n}{2n + 1}$

　　考え方：$\dfrac{n}{S_n} = \dfrac{3}{2}\left(\dfrac{1}{2n - 1} - \dfrac{1}{2n + 1}\right)$

6. 順に -33、45

考え方：(後半) $n \geq 2$ のとき、$a_n = S_n - S_{n-1} = 6n - 93$、

$$\frac{1}{30}\sum_{n=1}^{30}|a_n| = \frac{1}{30}\left(\sum_{n=1}^{30}a_n - 2\sum_{n=1}^{15}a_n\right)$$

7. (1) 順に $\dfrac{4}{5}$、$\dfrac{3}{5}$、$\dfrac{1}{5}$、$\dfrac{2}{5}$、$\dfrac{4}{5}$

(2) $b_1 = 0$、k を正の整数として

$$b_{4k-2} = \frac{3}{5} + \frac{1}{5}\left(-\frac{1}{2}\right)^{4k-3}、\quad b_{4k-1} = \frac{1}{5} + \frac{1}{5}\left(-\frac{1}{2}\right)^{4k-2}$$

$$b_{4k} = \frac{2}{5} + \frac{1}{5}\left(-\frac{1}{2}\right)^{4k-1}、\quad b_{4k+1} = \frac{4}{5} + \frac{1}{5}\left(-\frac{1}{2}\right)^{4k}$$

(3) 49

考え方：$\left(\dfrac{4}{5} + \dfrac{3}{5} + \dfrac{1}{5} + \dfrac{2}{5}\right) \times 25 - 1 + \sum_{n=1}^{100}\dfrac{1}{5}\left(-\dfrac{1}{2}\right)^{n-1}$

組合せと順列・確率

練習 A

1. (1) 6　(2) 60　(3) 210　(4) 6720　(5) 360　(6) 9　(7) 5040　(8) 100
2. (1) 60　(2) 9　(3) 30240　(4) 6
3. $_{15}C_4 \times {_4P_4} = 32760$
4. $10! = 3628800$
5. $7^4 = 2401$
6. (1) 6　(2) 35　(3) 1　(4) 220　(5) 100　(6) 1
7. $_7C_2 = 21$
8. (1) $_4C_3 \times {_3C_2} = 12$　(2) $_4C_3 \times {_3C_2} + {_4C_4} \times {_3C_1} = 15$　(3) $_7C_5 = 21$
9. (1) $_{12}C_7 \times {_5C_3} = 792$　(2) $_{12}C_4 \times {_8C_4} = 34650$　(3) $_{12}C_4 \times {_8C_4} \times {_3P_3} = 207900$
    (4) $_{12}C_6 \times {_6C_3} = 18480$
10. $10! - 3!2!5! = 3627360$

１１．(1) 2,4,6　(2) 1,2,3,4,5

１２．(1) $\dfrac{1}{2}$　(2) $\dfrac{2}{3}$

１３．(1) ${}_3C_2 \times (\dfrac{1}{2})^3 = \dfrac{3}{8}$　(2) 同(1)

１４．(1) $\dfrac{1}{6}$　(2) $\dfrac{2}{9}$　(3) $\dfrac{1}{9}$

１５．(1) $2 \times {}_5P_5 = 240$　(2) $2 \times {}_6P_6 = 1440$

１６．略

１７．(1) $\dfrac{{}_{11}C_2}{{}_{13}C_3} = \dfrac{55}{286}$　(2) $2 \times \dfrac{{}_{11}C_2}{{}_{13}C_3} = \dfrac{5}{13}$

１８．$\dfrac{{}_3C_2 + {}_4C_2 + {}_3C_2}{{}_{10}C_2} = \dfrac{4}{15}$

１９．略

２０．$1 - (\dfrac{5}{6})^2 = \dfrac{11}{36}$

２１．(1) 独立である　(2) 独立ではない

２２．(1) $\dfrac{3}{5} \times \dfrac{3}{4} = \dfrac{9}{20}$　(2) $\dfrac{3}{5} \times \dfrac{1}{4} = \dfrac{3}{20}$

２３．(1) $\dfrac{1}{2} \times \dfrac{1}{3} \times \dfrac{1}{5} = \dfrac{1}{30}$　(2) $1 - \dfrac{1}{2} \times \dfrac{2}{3} \times \dfrac{4}{5} = \dfrac{11}{15}$

２４．(1) $\dfrac{2}{3} \times \dfrac{1}{3} \times \dfrac{2}{3} = \dfrac{4}{27}$　(2) ${}_3C_1 \times \dfrac{2}{3} \times \dfrac{1}{3} \times \dfrac{2}{3} = \dfrac{7}{9}$

２５．(1) ${}_4C_2 \times (\dfrac{1}{2})^4 = \dfrac{3}{8}$　(2) ${}_4C_3 \times (\dfrac{1}{2})^4 = \dfrac{1}{4}$

２６．(1) $1 - (\dfrac{1}{2})^5 = \dfrac{31}{32}$　(2) $1 - (\dfrac{2}{3})^5 = \dfrac{211}{243}$

２７．$\dfrac{1}{120}, \dfrac{1}{30}, \dfrac{1}{8}, \dfrac{5}{6}, 1$　期待値：$\dfrac{775}{6}$

２８．$\dfrac{1}{6}, \dfrac{1}{3}, \dfrac{1}{2}, 1$　期待値：$\dfrac{65}{6}$

29. $\dfrac{1}{4}, \dfrac{1}{2}, \dfrac{1}{4}, 1$　期待値：1

30. $\dfrac{1}{56}, \dfrac{15}{56}, \dfrac{30}{56}, \dfrac{10}{56}, 1$　期待値：$\dfrac{15}{8}$

練習B

1. (1) 8　(2) 14　(3) 2　(4) 2
2. (1) $_7C_1 \times 11! = 279417600$　(2) $12! - _7C_2 \times _2P_2 \times _{10}P_{10} = 32659200$
   (3) $_7P_7 \times _5P_5 = 604800$
3. 78
4. (1) $_5C_1 \times _5P_3 = 300$　(2) $1 + _3P_1 + _4P_1 + _5P_3 = 9$　(3) $_5C_1 \times _5P_3 - 1 \times _3P_1 \times _4P_2 \times _5P_3$
5. (1) $4!5! = 2880$　(2) $_7P_2 \times 6! = 30240$
6. $_6C_1 + _6C_2 + _6C_3 + _6C_4 + _6C_5 + _6C_6 = 63$
7. (1) $_3P_3 \times _4P_4 = 144$　(2) $_3P_3 \times (_2P_2)^4 = 96$
8. $\dfrac{19!}{2}$
9. (1) 5　(2) 7
10. $_5C_2 \times _7C_2 = 210$
11. $_6C_2 \times _4C_2 \times _2C_2 \times _3P_3$
12. $\dfrac{12!}{4!2!6!} - \dfrac{11!}{4!6!} = 11500$
13. $_3P_3 \times 5 = 30$
14. 40
15. $\dfrac{_3C_2 \times _{10}C_1}{_{13}C_3} = \dfrac{15}{143}$
16. $\dfrac{_5C_2 \times _{15}C_1}{_{20}C_3} = \dfrac{5}{38}$
17. (1) $\dfrac{_3C_q \times _6C_2}{_7C_3}$　(2) 145
18. (1) $\dfrac{7}{72}$　(2) $\dfrac{61}{216}$

19. $\dfrac{403}{425}$

20. (1) $\dfrac{40}{323}$ (2) $\dfrac{965}{969}$

21. (1) $\dfrac{1}{3}$ (2) $\dfrac{1}{3}$

22. (1) $\dfrac{1}{72}$ (2) $\dfrac{31}{72}$

23. (1) $\dfrac{21}{50}$

考え方：取り出した赤球の個数はa、bともに2個、1個、3個の3つの場合がある．

(2) $\dfrac{9}{20}$

考え方：取り出した赤球の個数はbよりもaの方が多くなるのは、$(2,1)$、$(2,0)$、$(1,0)$の3つの場合がある．

24. $\dfrac{3}{16}$

25. (1) $\dfrac{9}{64}$ (2) $\dfrac{3}{280}$

26. (1) $\dfrac{36}{125}$ (2) $\dfrac{2072}{3125}$

27. $\dfrac{729}{4096}$

28. (1) $\dfrac{8}{27}$ (2) $\dfrac{16}{27}$

29. (1) 9 (2) 9

30. $\dfrac{2300}{3}$ 円

練習C

1. (1) 24人
   (2) 4人

2．64通り

3．10通り

　考え方：(赤、青) = $(0,6)$　$(1,5)$　$(2,4)$　…　$(6,0)$の場合の塗り方を、それぞれ考える．

4．（1）380個

　（2）420個

5．210、30、150

6．（1）630通り

　（2）1806通り

　（3）301通り

7．$\dfrac{1}{320}$

　考え方：すべての場合の数は9!通り、番号が一致する5つの玉の選び方は$_9C_5$通り．残り4個の番号が一致しないのは9通り．

8．（1）$\dfrac{2}{9}$

　（2）$\dfrac{13}{27}$

　（3）$\dfrac{10}{81}$

　（4）$\dfrac{17}{27}$

9．（1）$\dfrac{5}{14}$

　考え方：4のカードが含まれるグループについて、他の2枚の選び方は$_8C_2$通り、他の2枚が5から9までの5枚の中から選ばれる選び方は$_5C_2$

　（2）$\dfrac{9}{28}$

10．$\dfrac{1}{8}$

組合せと順列・確率　243

微分法

練習 A

1. （1） -3 （2） 1
   （3） 21
2. 3
3. $a=1$　$b=-3$
4. （1） -16
   （2） 7
   （3） $-2a+2$
5. （1） 8 （2） -4
6. $\left(\dfrac{3}{2}, 2\right)$
7. （1） $-6x$ （2） $2x-4$
   （3） $4x-1$ （4） $6x^2-2x+3$
8. （1） $2\pi rh$ （2） $10t+30$
   （3） $2(q+r)$ （4） $4\pi r+2\pi h$
9. （1）区間 $x>1$ で増加、区間 $x<1$ で減少
   （2）区間 $x<-2$ および $x>2$ で増加、区間 $-2<x<2$ で減少
   （3）すべての区間に対して増加
   （4）区間 $-\dfrac{5}{3}<x<\dfrac{1}{3}$ で増加、区間 $x<-\dfrac{5}{3}$ および $x>\dfrac{1}{3}$ で減少
10. 省略
11. （1） $a=-6$　$b=63$
    （2） $c=391$、極大値は 519
12. 64
13. （1） $t<-27$ または $t>5$ のとき　　1個
    　　$-27<t<5$ のとき　　3個
    　　$t=-27$ または $t=5$ のとき　　2個
    （2） $t<-8$ または $t>24$ のとき　　1個
    　　$-8<t<24$ のとき　　1個
    　　$t=-8$ または $t=24$ のとき　　2個

１４．省略

１５．省略

練習B

1．$r = \dfrac{t+s}{2}$

2．(1) $y = -x + 3$

(2) $y = x + \dfrac{3}{2}$

3．(1) $y = 12x - 16$

(2) $(-4, -64)$

4．$y = -2x - 2$ $y = 6x - 10$

5．(1) $f(x) = \dfrac{2}{3}x^2 + x + 3$

(2) $f(x) = x^2 + 2x + 3$

6．(1) $0 < a < 3$ (2) $0 < a < 1$

7．$a = 2$

8．$a = 3$

9．$x = -1$、1のとき 極小値：3

$x = 0$のとき 極大値：5

１０．(1) $s = 2a^3 - 6a$

(2) -4

１１．$a < 0$ $0 < a < \dfrac{1}{3}$ $a > 3$

１２．$-\sqrt{2} \leq a \leq \sqrt{2}$

練習C

1．$f(x) = x^3 + x^2 - 2x + 1$ または $f(x) = x^2 - 2x + 1$

考え方：$f(x) = ax^3 + bx^2 + cx + d$とおいて$(B)$に代入 $\Rightarrow$ 係数比較

2．(1) $f(0) = 4$ (2) $f'(x) = 3x^2 + 6x + 2$

3．$P(x) = x^2 - 2x + 3$

考え方：まず、整式$P(x)$の次数を求める. それには、最高次の項ax^n ($a \neq 0$, $n \geq 1$)
または$P(x) = c$ (cは定数)とする.

解：$P(x) = c$ とすると $P(0) = c$ で、条件 (B) から $0 = 2c - 12$ ゆえに、$c = 6$ となり、条件 (A) に矛盾する．次に、$P(x)$ の1次の項の係数を b、定数項を c とすると $P(0) = c$、$P'(0) = b$ 条件 (B) において、$x = 0$ を代入すると $c = 3$ ゆえに、$b = -2$ ここで、$P(x) = -2x + 3$ とすると、条件 (B) を満たさない．

$n \geq 2$ として、$P(x)$ の最高次の項を $ax^n (a \neq 0)$ とする．条件 (B) から最高次の項の係数を比較して $na = 2a$ ゆえに、$n = 2$ よって、$P(x) = ax^2 - 2x + 3$ とおける．このとき、$(x+3)(2ax-2) = 2(ax^2 - 2x + 3) + 8x - 12$
整理して $2ax^2 + (6a-2)x - 6 = 2ax^2 + 4x - 6$ ゆえに、$6a - 2 = 4$

よって、$a = 1$ 従って、$P(x) = x^2 - 2x + 3$

4．$c = 2$、$d = 1$、$a = \dfrac{q+2}{t^2} - \dfrac{2(p-1)}{t^2}$、$b = -\dfrac{q+4}{t} + \dfrac{3(p-1)}{t^2}$

5．$a = -1$, $-\dfrac{1}{9}$, 0

考え方：$f(x) = 2x^3 + 3(a-1)x^2 + 2ax$、$g(x) = -2x^2 + 4ax$、共有点の x 座標を t とすると、$f(t) = g(t)$ ……①、$f'(t) = g'(t)$ ……② ②から $t = \dfrac{1}{3}, -a$ ①に代入

6．$a \leq -\dfrac{4}{3}$

考え方：$P(x_1, x_1^3 + ax_1)$ における接線 $y = (3x_1^2 + a)x - 2x_1^3$ と曲線 C の接点以外の共有点 Q の x 座標は $x^3 + ax = (3x_1^2 + a)x - 2x_1^3$ の x_1 以外の実数解であるから $x = -2x_1$ (B) から、$(3x_1^2 + a)(12x_1^2 + a) = -1$ $x_1^2 = X (\geq 0)$ とおくと
$36X^2 + 15aX + a^2 + 1 = 0$ ……① $X = 0$ は①を満たさない．①が正の実数解を持つ条件は $-\dfrac{15a}{72} > 0$ かつ $D \geq 0$

7．$-\dfrac{\sqrt{6}}{2} < a < \dfrac{\sqrt{6}}{2}$、$a \neq \pm \dfrac{\sqrt{2}}{2}$ $-\dfrac{\sqrt{2}}{2} < a < \dfrac{\sqrt{2}}{2}$

考え方：曲線 $C : y = f(x)$ [整式] が直線 $l : y = px + q$ と $x = t$ で接する

→ $f(x)-(px+q)=(x-t)^2 g(x)$、Cとlの他の共有点は$g(x)=0$を考える.

解：$f'(x)=4x^3-6x+2b$であるから、接線lの方程式は
$$y=(4a^3-6a+2b)(x-a)+a^4-3a^2+2ab$$
曲線Cと直線lの共有点のx座標は次の方程式の実数解である.
$$x^4-3x^2+2bx=(4a^3-6a+2b)x-3a^4+3a^2 \quad \text{すなわち}$$
$$(x-a)^2\{x^2+2ax+3(a^2-1)\}=0$$

$g(x)=x^2+2ax+3(a^2-1)$とおく. 点P以外の異なる2点で交わるための条件は、方程式$g(x)=0$がa以外の異なる2つの実数解を持つことで$\frac{D}{4}=a^2-3(a^2-1)>0$、$g(a)=3(2a^2-1)\neq 0$　ゆえに、$-\frac{\sqrt{6}}{2}<a<\frac{\sqrt{6}}{2}$、$a\neq \pm\frac{\sqrt{2}}{2}$

また、更に点Pが線分AB上にあるためには$g(a)<0$であることが条件で$-\frac{\sqrt{2}}{2}<a<\frac{\sqrt{2}}{2}$

8．$(a,b)=(3,11),\quad (6,88)$

考え方：$f'(x)=0$の解は$x=\frac{a}{3}$、a　条件(B)から$\frac{f(\alpha)+f(\beta)}{2}=0$

ゆえに、$f\left(-\frac{a}{3}\right)+f(a)=0$　よって、$b=11\cdot\left(\frac{a}{3}\right)^3$

9．$a=-6$、$b=9$、$c=-1$

考え方：$2-y=(4-x)^3+a(4-x)^2+b(4-x)+c$が$f(x)=x^3+ax^2+bx+c$と一致する.

10．（1）$x_0>1$

考え方：$y'=0$の判別式について$D>0$　$x_0=1+\sqrt{1-a}$から$x_0-1=\sqrt{1-a}>0$

（2）$k\leq 1$のとき、$a<1$

$k>1$のとき、$a<-k^2+2k$

微分法　247

考え方：$1+\sqrt{1-a}>k$ から $\sqrt{1-a}>k-1$ $k\leq 1$、$k>1$ で場合分け

１１．（１） $0<a\leq\dfrac{1}{2}$ のとき、$M(a)=1-3a^2$

$\dfrac{1}{2}<a\leq 1$ のとき、$M(a)=2a^3$

$1<a$ のとき、$M(a)=3a^2-1$

考え方：$f(x)=f(-x)$ から、$0\leq x\leq 1$ で考える．$y=f(x)$ のグラフを利用、$f(a)=f(2a)$ から、$0<2a\leq 1$、$a\leq 1<2a$、$1<a$ で場合分け．

（２） $a=\dfrac{1}{2}$

考え方：$M(a)$ は $0<a\leq\dfrac{1}{2}$ で単調減少、$\dfrac{1}{2}<a$ で単調増加．

１２．（１） $-1\leq t\leq\sqrt{2}$

（２） $g(t)=-2t^3-\dfrac{9}{2}t^2+6t+\dfrac{11}{2}$

（３） $t=\dfrac{1}{2}$ のとき最大値 $\dfrac{57}{8}$、$t=-1$ のとき最小値 -3

１３．（１） $0<t<1$

解：$t=\sqrt{2}\cos(\theta+45°)$、$45°<\theta+45°<90°$ から、$0<t<1$

（２） $\dfrac{\sqrt{3}}{9}$

解：$R(\cos\theta-\sin\theta,0)$ であるから

$S=\dfrac{1}{2}OQ\cdot OR\sin\angle QOR=\dfrac{1}{2}(\cos\theta-\sin\theta)\sin 2\theta=\dfrac{1}{2}(t-t^3)$

$\dfrac{dS}{dt}=\dfrac{1}{2}(1-3t^2)=0$ とすると、$t=\pm\dfrac{1}{\sqrt{3}}$ $0<t<1$ の範囲では $t=\dfrac{1}{\sqrt{3}}$ のとき

S の最大となり、最大値は $\dfrac{1}{2}\left\{\dfrac{1}{\sqrt{3}}-\left(\dfrac{1}{\sqrt{3}}\right)^3\right\}=\dfrac{\sqrt{3}}{9}$

１４．$a\leq 0$ のとき $m(a)=\dfrac{a^2}{4}$

$0 < a \leq 1$ のとき $m(a) = 0$

$1 < a$ のとき $m(a) = \dfrac{2(a-1)}{3}\sqrt{\dfrac{a-1}{3}}$

考え方：$ax - f(x) = g(x)$ とおくと、$x \leq 0$ のとき $g(x) = -x(x-a)$、$x > 0$ のとき $g(x) = -x\{x^2 - (a-1)\}$　$a \leq 0$、$0 < a \leq 1$、$1 < a$ に場合分け

15. $a < \dfrac{3 - \sqrt{17}}{2}$

考え方：$f(x) = (x+a)^3 - 3x - a^2$ とおくと、$x < 0$ のとき常に $f(x) < 0$ となればよい．$f'(x) = 0$ の解は $x = -a-1, -a+1$　よって、$-a-1 < 0$、$-a-1 \geq 0$ に場合分け

16. $\dfrac{1}{4} \leq k \leq \dfrac{3 + \sqrt{13}}{2}$

考え方：$f(x) = x^3 - 3x^2 - k(3x^2 - 12x - 4)$ とおくと

[1] $k < 1$ のとき $f(0) \geq 0$、$f(2) \geq 0$

[2] $k = 1$ のとき $f(0) \geq 0$

[3] $k > 1$ のとき $f(0) \geq 0$、$f(2k) \geq 0$

17. $p > \dfrac{1}{16}$ のとき3本、$p = \dfrac{1}{16}$ のとき2本、$p < \dfrac{1}{16}$ のとき1本

18. $a = 2$

考え方：点 $(t, f(t))$ における接線 $y = (4t^3 + 3t^2 - 6t)x - 3t^4 - 2t^3 + 3t^2$ が点 $(0, a)$ を通るから $a = -3t^4 - 2t^3 + 3t^2$　直線 $y = a$ と曲線 $y = -3t^4 - 2t^3 + 3t^2$ がただ1点を共有する条件を求める．

積分法

練習 A

1. （1） $\dfrac{1}{2}x^4 + C$　　　　　　（2） $\dfrac{2}{3}x^3 - \dfrac{3}{2}x^2 + 5x + C$

　　（3） $y^3 - 3y^2 + 2y + C$　　　（4） $-t^4 + 2t^3 - t^2 + 3t + C$

2. （1） $2x^3 + \dfrac{1}{2}x^2 - x + C$　　　　（2） $\dfrac{1}{4}x^4 - x + C$

（3） $\dfrac{1}{5}t^5 - \dfrac{4}{3}t^3 + 4t + C$ （4） $\dfrac{1}{5}y^5 - y + C$

3．$f(x) = x^3 - \dfrac{1}{2}x^2 + x - 7$

   $g(x) = -x^3 + \dfrac{3}{2}x^2 + 2x + \dfrac{3}{2}$

4．$\dfrac{10}{3}$

5．（1） $\dfrac{8}{3}$ （2） 3

6．6

7．（1） $\dfrac{4}{3}$ （2） $\dfrac{7}{3}$

8．（1） $\dfrac{5}{2}$ （2） 4

9．（1） $f(x) = 8x + 4$ $a = \dfrac{1}{2}, -\dfrac{3}{2}$

　（2） $f(x) = 2x - 2$ $a = -2$

練習B

1．$k = 4$ $f(x) = x^4 + 5$

2．$b = -4$、$c = -2$
   $f(x) = x^3 - 2x^2 - 2x + 2$

3．$f(x) = \dfrac{1}{3}x^3 - x^2 + 2x + \dfrac{8}{3}$

   $g(x) = x^2 - x + 4$

4．（1） $\dfrac{76}{3}$ （2） -6

5．$f(x) = x^2 + 2x - 9$

6．$p = 3$ $q = \dfrac{1}{6}$

7．（1） $\dfrac{125}{6}$ （2） $4\sqrt{3}$

(3) $\dfrac{9}{2}$ (4) $\dfrac{32}{3}$

8. $\dfrac{27}{4}$

9. (1) $y = -x$ $(-2, 2)$

   (2) $\dfrac{4}{3}$

10. (1) $k = 1$

    (2) $\dfrac{4}{3}$

11. $\dfrac{25}{3}$

12. $a \geq 2$

練習C

1. $f(x) = \dfrac{1}{2}x^2 - x + \dfrac{2}{3}$

2. $a = \dfrac{9}{2}$ $b = \dfrac{1}{2}$

   考え方：(A)から　$-72 + 18a + 6b = 12$
   　　　　(B)において、$f(x)$の最小値は$a < 0$のとき$f(1)$、$a \geq 0$のとき$f(-1)$

3. (1) $a = 4$

   考え方：$\displaystyle\int_0^1 f(x)dx = \int_0^{2/a} ax\,dx + \int_{2/a}^1 (4-ax)dx$

   (2) $0 \leq x < \dfrac{1}{2}$のとき$F(x) = -2x^2 + 4x - 1$

   考え方：$0 \leq x < \dfrac{1}{2}$のとき$F(x) = \displaystyle\int_0^x 4t\,dt$、$\dfrac{1}{2} \leq x \leq 1$のとき$F(x) = \displaystyle\int_0^{1/2} 4t\,dt + \int_{1/2}^x (4-4t)dt$

   (3) $\dfrac{1}{2}$

積分法　251

考え方：$\int_0^{1/2} 4x^2 dx + \int_{1/2}^1 (4x - 4x^2) dx$

4．$f(x) = x^2 + 2x + 3$、$g(x) = x + 1$

考え方：(B) から $f(x) + g(x) = x^2 + 3x + 4$、これと (A) から $g(0) = 1$、(C) から $f(x)g(x) = x^3 + 3x^2 + 5x + C'$（$C'$ は定数）　$x = 0$ を代入して、$C' = 3$　ゆえに、$f(x)g(x) = x^3 + 3x^2 + 5x + 3 = (x+1)(x^2 + 2x + 3)$

5．（1）2

考え方：$f(x)$ の次数を n とすると、右辺の次数は $n + 2$、左辺の次数は $n > 2$ のとき $n + 2$、$n = 2$ のとき 4 以下、$n < 2$ のとき 4．$f(x)$ の最高次の項の係数を $a (\neq 0)$ として、各場合について調べる．

（2）$f(x) = -\dfrac{4}{3}x^2 - 3x - 8$

考え方：（1）から $f(x) = -\dfrac{4}{3}x^2 + bx + c$ とおくと、恒等式から $b + 2 = \dfrac{b}{3}$、$c + 4 = \dfrac{c}{2}$．

6．$f(x) = 2x^2 + 3x - 6$　　$g(x) = x^2 - x + 3$

考え方：$f(x) + g(x) = 3x^2 + 2x - 3$ から　$f'(x) + g'(x) = 6x + 2$　また $f'(x)g'(x) = (2x-1)(4x+3)$

7．$m = 3$　$n = 2$

考え方：$\int_0^{m+1} \{mx - (x^2 - x)\} dx + 2\int_1^2 \{2x - 1 - (x^2 - 1)\} dx = \dfrac{37}{6}$

8．（1）$(0, 0)$　$(a, 0)$　$(a+2, 2(a+2))$

（2）$a = 2$

考え方：$\int_0^a \{f(x) - g(x)\} dx = -\int_a^{a+2} \{f(x) - g(x)\} dx$ から $\int_0^{a+2} \{f(x) - g(x)\} dx = 0$

9．（1）$c = 2$

考え方：$c = \dfrac{3}{5}\displaystyle\int_{-1}^{1} f(x)dx = \dfrac{6}{5}\displaystyle\int_{0}^{1} f(x)dx$

（2） $\dfrac{5}{3} + 2\sqrt{3}$

考え方：$\displaystyle\int_{-1}^{0}\{f(x)-(-x-1)\}dx + \displaystyle\int_{0}^{\sqrt{3}}\{f(x)-(x-1)\}dx$

１０．（1） $2 \leq k < \dfrac{13}{6}$

考え方：a について整理．a^2 の係数と a の係数が同時に 0 になる k の値を求めよ．

（2） $k = 2$

１１．$S = \dfrac{1}{12}\{(2t+1)^2 + 3\}^{\frac{2}{3}}$　　P の x 座標は $-\dfrac{1}{2}$

積分法　253

著者略歴

郁凌昊（ファン リンホウ）
 1999 年来日、国書日本語学校卒業。
 2005 年早稲田大学理工学部卒業。
 現在国書日本語学校北京事務所所長。

中山貴士（なかやま たかし）
 1996 年高校を卒業後、中国から日本に帰国。
 2004 年早稲田大学理工学部卒業。
 現在アメリカ合衆国留学中。

日本留学試験対応　完璧 数学（コース1）

2003 年 2 月 28 日　初版第 1 刷発行
2019 年 10 月 10 日　初版第 6 刷発行

著　者　郁凌昊・中山貴士
発行者　佐藤今朝夫
装　訂　汀企画

〒174-0056　東京都板橋区志村 1-13-15
発行所　株式会社 国書刊行会
TEL 03 (5970) 7421　FAX 03 (5970) 7427
https://www.kokusho.co.jp

落丁本・乱丁本はお取替いたします。　　印刷　明和印刷㈱
ISBN 978-4-336-04513-3　　　　　　　　製本　㈱村上製本所

国書刊行会の漢字教材

佐藤尚子・佐々木仁子 著

留学生のための漢字の教科書

初級300 [改訂版]

中級700 [改訂版]

各 1600 円

上級1000 [改訂版]

1800 円
（税別価）

シリーズの特徴

◆効果的に学習するために必要な漢字とその読み、語彙を、各レベルごとに厳選。

◆漢字の意味・語彙などには英語、中国語、韓国語、インドネシア語、ベトナム語を併記。

◆生活でよく目にする書類や資料などを題材にしているので、実践的な学習が可能。

◆すべての漢字の筆順を掲載。

◆学習に便利な音訓索引、部首索引、語彙索引付き。

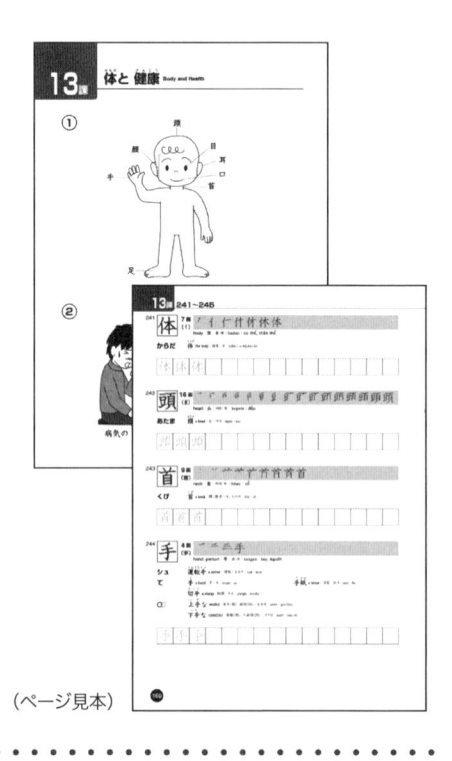

（ページ見本）